LA RELATIVITÉ COMPLEXE
et l'unification de l'ensemble des quatre interactions physiques

DU MÊME AUTEUR

OUVRAGES DE PHYSIQUE

Éléments d'une théorie unitaire d'Univers, Éditions de la Grange-Batelière, Paris, et Éditions Kister, Genève, 1962.
Relativité générale, mêmes éditeurs, 1963.
La crise actuelle de la physique, mêmes éditeurs, 1966.
Cours de théorie relativiste unitaire, Albin Michel, Paris, 1969.
Théorie unitaire : analyse numérique des équations, Albin Michel, Paris, 1974.
Théorie de la Relativité complexe, Albin Michel, Paris, 1977.
L'Esprit et la Relativité complexe, Albin Michel, Paris, 1983.

OUVRAGES DE PHILOSOPHIE SCIENTIFIQUE

La Connaissance de l'Univers, Le Seuil, 1961, prix Nautilus 1962, traduit en espagnol.
Du temps, de l'espace et des hommes, Le Seuil, 1962, traduit en espagnol.
L'Homme à sa découverte, Le Seuil, 1963, traduit en anglais.
De la physique à l'Homme, Denoël (Gonthier), 1965, traduit en espagnol.
Récentes découvertes sur la matière et la vie, Plon, 1966, traduit en espagnol.
L'Être et le Verbe, Planète, Paris, 1965, réédité aux Éd. du Rocher, mai 1983.
Pourquoi la Lune? Planète-Denoël, 1968, traduit en espagnol.
Les Grandes Énigmes de l'astronomie, Planète-Denoël, 1967, traduit en espagnol.
Les Conceptions de l'Univers depuis 25 siècles, Univers des Connaissances, Hachette, Paris, 1970, traduit en anglais, allemand, italien, néerlandais, espagnol, suédois et japonais, réédité aux Éd. Stock, *25 siècles de cosmologie* (1981).
L'Age de l'ordinateur, Hachette, Paris, 1971, traduit en espagnol.
Treize Questions pour l'Homme moderne, Albin Michel, Paris, 1972, traduit en portugais.
L'Homme et l'Univers, Albin Michel, Paris, 1974.
L'Esprit, cet inconnu I, Albin Michel, Paris, 1977, traduit en allemand, italien, portugais, grec et anglais.
Mort, voici ta défaite, Albin Michel, Paris, 1979, traduit en allemand.
Le Monde éternel des Éons (en collaboration avec Christian de Bartillat), Stock, Paris, 1980.
J'ai vécu quinze milliards d'années, Albin Michel, Paris, 1983, traduit en néerlandais, italien.
L'Esprit, cet inconnu II, Les Lumières de l'invisible, Albin Michel, Paris, 1985.
L'Esprit et la Science I, Colloque de Fès, Albin Michel, Paris, 1984 (ouv. coll.), traduit en anglais.
L'Esprit et la Science II, Imaginaire et Réalité, Colloque de Washington D. C., Albin Michel, Paris, 1985 (ouv. coll.), traduit en anglais.
L'esprit, cet inconnu III, Le Tout, l'Esprit et la Matière, Albin Michel, Paris, 1987.

OUVRAGES D'INFORMATIQUE

Cours d'initiation à l'ordinateur et la programmation, tomes 1 et 2, édité par l'Institut pratique d'information, B.P. 24, 91-Orsay, 1970.
Cours de Cobol, tomes 1, 2 et 3, même éditeur, 1970.

ROMAN (SCIENCE ET FICTION)

La Femme de la Genèse, Éd. du Rocher, Paris, 1983.
Cent Mille Soleils par seconde, Éd. du Rocher, Paris, 1987.

JEAN E. CHARON

Ingénieur-Physicien de l'École Supérieure de Physique et Chimie de Paris

LA RELATIVITÉ COMPLEXE

et l'unification de l'ensemble des quatre interactions physiques

ÉDITIONS ALBIN MICHEL
PARIS

22, rue Huyghens, 75014 Paris

ISBN 978-2-226-32428-3

REMERCIEMENTS

La présente recherche a été rendue possible grâce à un crédit de recherche personnel qui m'a été généreusement accordé par le baron Marcel Bich, Neuilly-sur-Seine, France.

Un remerciement tout spécial s'adresse à mon ami, le physicien Adolphe Jonckbloedt, qui, depuis le début de mon travail dans les années 1950, a continuellement et patiemment relu et critiqué les résultats de mes recherches, participant parfois directement à d'importantes améliorations du formalisme et des calculs.

Un grand merci au professeur Terryll Fancott, directeur du Centre de Calcul de l'Université Concordia de Montréal, Canada, ainsi qu'à son assistant Frank Maselli, qui m'ont permis d'utiliser l'équipement de calcul de l'Université en 1985-1986.

Mon épouse Jacqueline Charon, qui est biologiste, mais aussi informaticienne, a tout particulièrement travaillé sur les logiciels de représentation graphique des résultats numériques de la théorie : une affectueuse pensée et un grand remerciement pour son important et méticuleux travail.

Et je voudrais ne pas omettre de ces remerciements les nombreuses personnes qui, de diverses manières, ont encouragé mes recherches, difficiles mais aussi très souvent solitaires, tout au long de ces trente dernières années.

TABLE

CHAPITRE IV

CHAPITRE V

CHAPITRE I

INTRODUCTION A LA COMPLEXITÉ DE L'ESPACE-TEMPS

La Physique de notre siècle a accompli de larges avancées vers cet objectif tant souhaité par la science d'une représentation *unifiée* des phénomènes de l'Univers. La plupart de ces progrès ont été la conséquence directe d'une meilleure connaissance et compréhension de la notion d'espace-temps, les physiciens découvrant toujours mieux la *complexité* de cet espace-temps.

Le mot « complexité » doit être pris ici, comme nous nous efforcerons de le démontrer, avec non seulement sa signification du langage courant, mais aussi avec son sens mathématique. Comme on s'en souvient, le « simple » cadre de représentation qui avait cours jusqu'au siècle dernier, où espace et temps n'étaient que le lieu « absolu » dans lequel prenaient place les phénomènes de l'Univers, s'est peu à peu « complexifié » : il est tour à tour devenu le continuum espace-temps de la Relativité restreinte (1905) dans lequel les mesures du temps n'étaient plus dissociables des mesures d'espace (la distance entre deux points dépend de notre vitesse relative par rapport à ces points); puis, avec la Relativité générale (1915), Einstein montrait que les unités de mesure du temps et de l'espace dépendaient du contenu physique du lieu où se déroulaient ces mesures; vinrent ensuite les espaces-temps susceptibles de posséder deux sortes de courbures et une torsion (géométries affines, théories de jauge); dès cette même époque on voit poindre la possibilité d'un espace-temps à plus de quatre dimensions, préparant les théories actuelles dites de « grande unification » faisant appel à dix (Supercordes) ou onze (Supergravité) dimensions. Dans les plus récentes théories de bosons vecteurs (1985) on considérera la possibilité d'une infinité de dimensions.

La Relativité complexe, qui fait l'objet de la présente recherche, se contente pour sa part des quatre dimensions riemanniennes d'espace et de temps telles qu'elles ont été introduites par Einstein : mais, au lieu de choisir ces dimensions purement réelles (espace) ou purement imaginaires (temps), ou vice versa, comme on le fait en Relativité générale, chacune de ces quatre dimensions est, en Relativité complexe, précisément une dimension « complexe » au sens mathématique, c'est-à-dire *à la fois* réelle et imaginaire.

Écrivons d'une manière très générale les coordonnées riemanniennes de chaque point en Relativité complexe sous la forme :

$$\begin{cases} r = \dot{r} + i\tilde{r} \\ t = \dot{t} + i\tilde{t} \end{cases} \qquad (i = \sqrt{-1}) \tag{1-1}$$

où r et t sont respectivement appelés espace et temps. Nous procédons de manière conventionnelle à la partition suivante de l'espace-temps total (Univers) de la Relativité complexe, distinguant entre le RÉEL et l'IMAGINAIRE :

$$\begin{cases} \text{RÉEL} & \tilde{t} = \dot{r} = 0 \\ \text{IMAGINAIRE} & \dot{t} = \tilde{r} = 0 \end{cases} \qquad \forall r,\ t \in [-\infty, +\infty]. \tag{1-2}$$

I. LES PRINCIPAUX MODÈLES SUCCESSIFS DE LA PARTICULE DE MATIÈRE

Commençons par rappeler brièvement les principales orientations de la recherche pour la représentation en Physique d'une particule de matière depuis le début de notre vingtième siècle.

1. 1900-1925 : Électromagnétisme et Relativité.

La particule ressemble encore en gros à une « boule de billard », dont peut parfois émerger (particules chargées) un champ électrique.

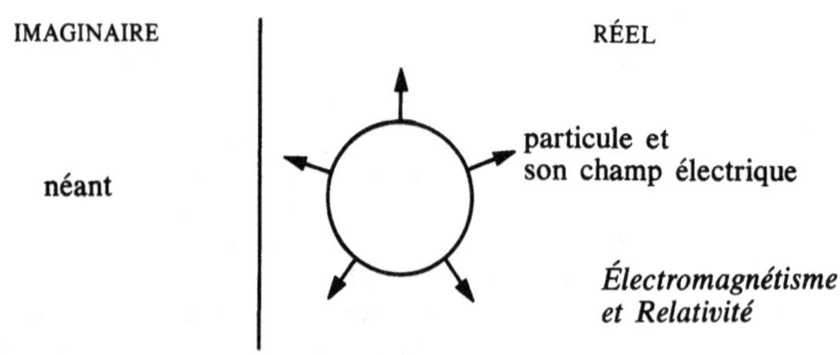

La particule se déplace au cours du temps selon une trajectoire entièrement déterministe, dans un espace qu'Einstein a montré être un continuum espace-temps susceptible de posséder une courbure riemannienne variant d'un point à un autre, cette courbure dépendant directement de la densité d'impulsion-énergie du lieu. La particule elle-même peut être considérée comme une sorte de « compactification » locale de l'espace-temps, la densité d'impulsion-énergie étant plus particulièrement élevée au point précis où se situe la particule. La gravitation est la conséquence de cette propriété de la particule de « courber » l'espace autour d'elle. Le champ électrique, dont peut éventuellement être dotée la particule, a à cette époque (et a encore en fait aujourd'hui) une origine mystérieuse, mais ses effets sur l'espace entourant la particule sont cependant correctement représentés par la théorie électromagnétique et les équations de Maxwell.

L'Univers de ce début de siècle est donc *uniquement* constitué de ce que nous avons nommé le Réel, entièrement décrit dans le cadre des théories de l'Électromagnétisme et de la Relativité (restreinte et générale). Quant à ce que nous avons nommé ci-dessus l'Imaginaire, une telle région est supposée n'avoir aucune existence « réelle » dans l'Univers qu'appréhende la Physique. L'Imaginaire peut sans doute être associé d'une certaine manière à quelque chose prenant place dans la tête du physicien, mais cela n'a certainement rien à voir avec la particule de matière qu'observe et étudie le physicien. Cependant, il est vrai, Einstein et Minkowski ont montré que le temps pouvait être considéré comme une dimension « imaginaire » de notre Univers, mais avec la définition exacte que donnent les mathématiciens à ce mot « imaginaire ». La région que nous avons nommée « Imaginaire » dans (1-2) ci-dessus est donc, pour la Physique d'alors, un pur « néant ».

2. 1925-1950 : la Théorie quantique et l'aspect ondulatoire.

Les physiciens ont maintenant découvert que l'image de la « boule de billard électrisée » acceptée jusqu'alors était sans aucun doute une représentation *très incomplète* de la particule de matière. Il est notamment apparu un caractère ondulatoire qu'il est devenu indispensable d'associer à la représentation particulaire. Curieusement cependant, cette onde (traditionnellement nommée « onde psi » par les physiciens) ne possède pas un véritable caractère « objectif », mais plutôt un caractère « subjectif » : d'abord, psi est une onde de phase, qui se propage à vitesse *infinie* dans le référentiel propre de la particule; d'autre part, le carré de l'amplitude de cette onde psi, après une normalisation appropriée, est relatif à la *connaissance* que l'observateur-physicien possède à chaque instant de la position et de l'impulsion-énergie de la particule; enfin, cette connaissance que procure l'onde psi n'est pas totale, elle n'est que « probabiliste », l'onde psi ne fournit que la probabilité de pouvoir observer la particule ici ou là à tel instant : comme s'il fallait laisser un « choix » de sa trajectoire à cette entité matérielle qu'est une particule! On serait tenté de dire que la véritable entrée en scène de l'Imaginaire en Physique, non seulement avec sa définition mathématique mais encore tel qu'on l'entend communément, prend place avec cette apparent (et semble-t-il inévitable) caractère « subjectif » associant la particule de matière à son observateur.

IMAGINAIRE	RÉEL
onde psi « subjective »? « cinquième » dimension?	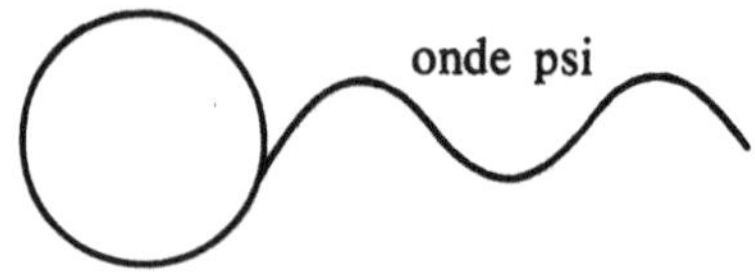
	Théorie quantique

Pendant cette même période le physicien russe Kaluza, à la recherche d'une première représentation unifiée des deux aspects gravitationnel et électromagnétique de la particule de matière, propose de représenter cette « unification » dans un cadre spatial élargi à une *cinquième dimension* du continuum riemannien d'espace-temps, encourageant ainsi l'idée qu'une partie « inobservable » (ou en tout cas encore inobservée) de notre Univers pourrait bien jouer un rôle dans la représentation *complète* de notre Univers. Cette cinquième dimension de Kaluza n'était-elle pas un nouvel indice de la présence d'une région Imaginaire (mais cependant représentable) de notre Univers total?

Entre-temps, de nouvelles interactions étaient venues s'ajouter à l'électromagnétisme et la gravitation pour caractériser la particule matérielle : les interactions faibles et fortes. Des tentatives géométriques nombreuses (effectuées notamment par Einstein lui-même) se développaient sans cesse pour tenter d'unifier au moins gravitation et électromagnétisme, avec à l'horizon l'ambition de pouvoir un jour étendre cette unification aux nouvelles interactions faibles et fortes. C'est l'époque des géométries non riemanniennes, où viennent s'ajouter à la courbure de rotation du continuum espace-temps (seule présente en Relativité générale) une courbure d'homothétie et une torsion.

3. 1950-1970 : les théories non abéliennes de jauge et l'aspect ponctuel.

L'image que se forment les physiciens de la particule de matière va maintenant à la fois se simplifiant et pourtant devenant plus « sophistiquée ». Les données expérimentales (facteur de forme) et théoriques (facteur de coupure) montrent que ce qui semble vraiment « élémentaire » dans la particule est *ponctuel;* et ponctuel au sens mathématique, c'est-à-dire que la particule occupe à chaque instant du temps un volume *nul* d'espace, c'est un *point d'espace-temps* rigoureusement ponctuel. C'est le cas des quarks entrant dans la composition des hadrons, maintenus entre eux par un champ bosonique de gluons ayant eux-mêmes des « partenaires fermioniques » ponctuels. L'idée prend alors progressivement corps chez les physiciens que, puisqu'une structure rigoureusement ponctuelle n'a plus d'autres « détails » géométriques de représentation que celui d'être précisément un point à chaque instant du temps, on va rechercher ces détails dans des caractéristiques purement *abstraites,* c'est-à-dire non directement observables dans l'espace-temps (Réel). On parlera, par exemple, de l'étrangeté, du charme, de la beauté de la particule; ou encore du haut, du bas, ou de la couleur de cette particule; mais sans jamais donner à ces mots leur signification observable courante. Même les caractères de « symétrie », qui vont jouer un rôle très important, seront des symétries entre caractéristiques abstraites, mais non pas des symétries au sens géométrique.

Un grand progrès dans la généralisation de la représentation est cependant accompli à l'école des méthodes dites « d'invariance », dont la Relativité d'Einstein a donné l'exemple : il paraît clair que la représentation des phénomènes physiques ne doit pas dépendre de l'observateur, et notamment du choix que cet observateur pourrait faire des unités de mesure de l'espace et du temps, toujours soumises aux particularités de mouvement de l'observateur. C'est ce que, après Hermann Weyl, on va nommer l'*invariance de jauge.* Les théories bénéficiant de l'invariance de jauge (ou théories de jauge) sont alors devenues le pivot pour les modèles particulaires. Une classe spéciale de théorie de jauge est dite « non abélienne », et s'appuie sur la notion mathématique de groupe de symétrie, par exemple SU (2).

Geoffrey Chew et sa théorie dite du « bootstrap » (lacet de botte) démontre à la même époque (années 70) que, puisque les détails géométriques directement observables sont pratiquement inexistants chez une particule rigoureusement ponctuelle, on peut cependant encore parler de la géométrie *des liaisons* entre une particule individuelle et toutes les particules qui l'entourent dans l'Univers. Ici, c'est *le Tout* qui définit l'Un, au lieu qu'on parlait précédemment de l'influence de l'Un sur le Tout. La difficulté est cependant, dans le bootstrap, que le Tout est généralement encore plus difficilement connu (et même connaissable) que l'Un. Comment donc aller, grâce à un Tout incomplètement connu, vers un UN qu'on voudrait mieux connaître?

Quoi qu'il en soit, ces diverses approches ont conduit à des succès théoriques importants, dont beaucoup sont confirmés au moyen de vérifications expérimentales précises. Ces résultats ont en fait permis une première unification entre l'électromagnétisme et les interactions faibles (interactions unifiées alors dites *électrofaibles*). D'autre part, la théorie de jauge des quarks et des gluons dans la structure hadronique, s'appuyant essentiellement sur la notion de « couleur » (jouant un rôle un peu analogue à la charge électrique en théorie électromagnétique), a permis de proposer une *chromodynamique quantique* qui ambitionnerait de pouvoir unifier les interactions fortes aux interactions électrofaibles (« grande unification »). Cependant, indépendamment du fait que cette unification électrofaible-forte manque encore aujourd'hui (1986) de vérifications expérimentales, notons aussi qu'une telle unification laisserait cependant encore à part *la gravitation*.

On peut cependant retenir de cette période de progrès en Physique cette idée du nécessaire aspect *ponctuel* qui doit désormais former la base de toute représentation de la particule de matière.

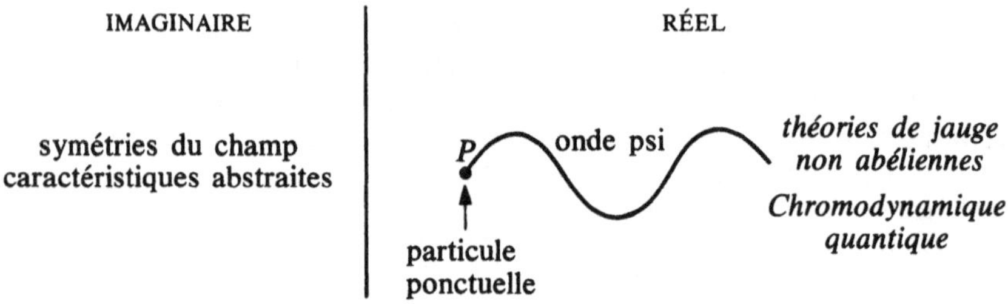

Cependant, une question non triviale (et même quelque peu paradoxale) ne pouvait pas être totalement évitée à ce point de développement de la Physique : c'était une Physique fournissant une représentation des phénomènes prenant place dans l'espace-temps observable (le Réel) où pratiquement les particules de matière n'étaient plus « observables », puisque ces particules se présentaient comme des structures *ponctuelles;* chacun de ces « points » (donc sans volume) est lui-même associé à une onde psi purement *subjective,* dont le rôle n'est pas de nous renseigner sur la structure géométrique de la particule mais sur ce que l'observateur est susceptible de connaître (de manière probabiliste) de la position et de la vitesse de la particule à tel instant. Que restait-il donc de la bonne vieille Physique ayant encore cours dans la première partie du siècle, avec sa prétention de se construire *uniquement* sur les données *observables,* donc « objectives », afin d'éviter de laisser pénétrer dans son formalisme des « imaginations »? Que restait-il puisque le cadre du Réel semblait, à la veille de cette fin de siècle, s'être complètement « vidé » de son contenu géométrique *directement* observable?

4. 1970 à ce jour : les théories à dimensions « cachées ».

Ici revient l'idée que l'espace-temps est sans doute encore plus « complexe » qu'Einstein ne l'avait laissé croire avec sa révolution relativiste. Puisqu'il n'était plus possible de situer dans l'espace-temps quadridimensionnel du Réel des structures « étendues » observables composant la matière, cela devint une conclusion logique de supposer que cette particule « ponctuelle et à localisation subjective » devait être représentée en faisant appel à une partie « cachée » de l'espace-temps; ou, exprimé en d'autres mots, que le Réel observable quadridimensionnel

« courbé » constituait un cadre de représentation *insuffisant* pour fournir une représentation COMPLÈTE des phénomènes physiques.

Continuons pour le moment de nommer *Imaginaire* cette région supposée « cachée » de notre Univers; le temps paraissait venu pour les physiciens de considérer très sérieusement la possibilité d'une représentation de l'Univers comprenant *à la fois* le Réel et l'Imaginaire.

Cette conclusion étant, durant la dernière décennie, généralement acceptée en Physique théorique, la question cruciale devenait alors de décider (ou de choisir) QUELLES dimensions supplémentaires il fallait adopter de façon à obtenir la représentation la plus satisfaisante et la plus complète de notre Univers.

Nous allons mentionner ici ce qui nous paraît être aujourd'hui (1986) les deux directions principales de recherche pour exploiter cette idée de dimensions « cachées » possibles dans une représentation plus *complète* de notre Univers physique :

- Les dimensions additionnelles sont du type « espace » seulement, et forment ce que nous nommerons l'*antiespace;* le temps de l'Univers reste relativiste et unique.
- Les dimensions additionnelles comprennent aussi un nouveau temps, le temps de l'Imaginaire, que nous nommerons *antitemps.*

4.1. LES MODÈLES D'UNIVERS A DIMENSIONS « CACHÉES » D'ESPACE ET D'ESPACE SEULEMENT.

Comme nous l'avions noté dès le début de ce chapitre, un progrès dans la représentation des phénomènes s'accompagne généralement d'une meilleure connaissance de l'espace-temps, avec pour résultat *d'unifier* toujours un peu plus cette représentation. Les théories de jauge ont apporté avec elles l'unification électrofaible; le pas suivant paraît devoir être d'incorporer de manière satisfaisante les interactions fortes à l'unification précédente (« grande unification »). Ensuite, si on y réussit, il restera bien sûr à joindre la gravitation à ce formalisme unifié — obtenant ainsi ce qu'on pourrait appeler la « Super-unification »!

Nous choisirons pour exemples des tentatives de « grande unification » celle d'Abdus Salam (déjà prix Nobel pour sa contribution à l'unification électrofaible) avec sa *Supergravité,* et celle de John Schwarz avec sa théorie des *Supercordes.*

Nous ne prétendons naturellement pas vouloir entrer ici dans les détails de ces deux théories, même brièvement. Nous rappellerons seulement que ces théories, *qui conservent le temps relativiste habituel d'Einstein,* admettent l'existence de dimensions additionnelles d'espace venant supplémenter les trois dimensions relativistes usuelles. L'objectif de cette « ouverture » du cadre de représentation à un nouvel espace (que nous nommerons « antiespace ») est clair : unifier de cette manière le formalisme des interactions électrofaibles avec celui des interactions fortes. Le nombre proposé de dimensions « cachées » additionnelles constituant l'antiespace varie dans chacune de ces théories, il est généralement (et actuellement) de six ou sept, admettant ainsi pour représenter notre Univers un *total* de dix ou onze dimensions (quand on prend aussi en compte les quatre dimensions observables « usuelles »).

Nous avons tenté de « visualiser » de telles tentatives de grande unification dans l'illustration ci-dessus (empruntée au *Scientific American* de mars 1985) : le plan (en sombre dans l'illustration) représente la géométrie de l'espace-temps quadridimensionnel « ordinaire » (Réel), qui à une grande échelle est presque plat; les lignes de coordonnées tracées sur ce plan représentent d'une part l'axe d'espace et, perpendiculairement, l'axe du temps. Les sphères qui apparaissent à l'intersection des lignes de coordonnées représentent les dimensions additionnelles « cachées » et recourbées sur elles-mêmes postulées par la théorie, permettant la représentation de l'antiespace. De toute évidence, l'illustration peut seulement suggérer l'apparence de la structure postulée. Il faudrait imaginer les sphères de l'antiespace comme tangentes au plan (espace-temps du Réel) *en chaque point* de ce plan (donc une infinité de sphères constituant l'antiespace). Par ailleurs, dans l'illustration chacune des sphères et le plan ne donnent naissance qu'à 4 dimensions (la surface du plan et *la surface* de chaque sphère), alors que les théories mentionnées postulent, comme nous l'avons déjà noté, *dix ou onze* dimensions.

Dans de telles représentations on accepte donc que chaque point de notre espace Réel soit la « trace » ponctuelle dans la réalité observable d'une région de l'Univers total qui a besoin, pour être localisée et représentée, de six ou sept dimensions « cachées » supplémentaires.

Clairement, cette approche à dimensions supplémentaires « cachées » est voisine de l'approche que va proposer la Relativité complexe, dans laquelle une région « Imaginaire » viendrait former avec le Réel observable « habituel » *la totalité* de notre Univers. Dans les théories et les représentations précédentes les petites « sphères » représentent à elles seules toute la région de notre Univers que nous nommons l'espace-temps Imaginaire, côtoyant partout l'espace-temps Réel.

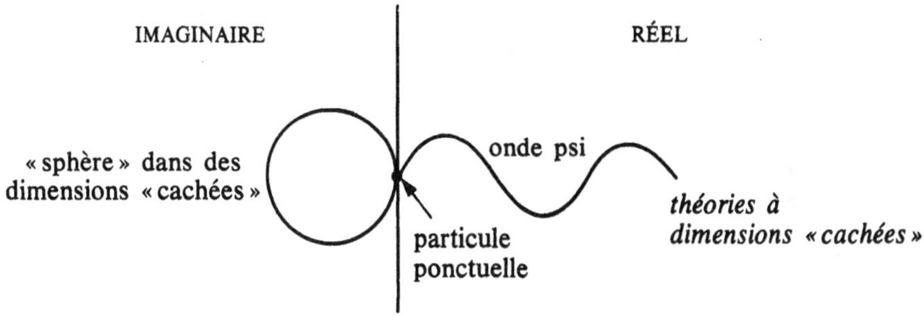

Le schéma ci-dessus symbolise cette représentation à dimensions spatiales « cachées », telle qu'elle est proposée par la Supergravitation d'Abdus Salam ou les Supercordes de John Schwarz. L'Imaginaire est constitué ici de ce que nous avons nommé aussi l'antiespace, le temps reste unique et le même pour le Réel et pour l'Imaginaire.

4-2. LES MODÈLES D'UNIVERS OUVRANT LA REPRÉSENTATION A UN NOUVEL *ESPACE-TEMPS* : LA RELATIVITÉ COMPLEXE.

Ce que nous ont apporté d'essentiel les théories dites « de jauge », c'est cette idée que la représentation des phénomènes marquerait un progrès important en devenant indépendante du mouvement du référentiel, et notamment du choix des étalons de mesure, qui dépendent eux-mêmes de ce mouvement (invariance relativiste). Les théories de jauge débutent en fait avec la Relativité générale d'Einstein, qui est une application directe en espace riemannien de cette invariance relativiste du tenseur géométrique

$$S_{\alpha\beta} = R_{\alpha\beta} - \frac{1}{2} Rg_{\alpha\beta} + \Lambda g_{\alpha\beta}.$$

Plus tard, avec les théories non abéliennes, on va s'appuyer pour construire le formalisme de la représentation sur l'invariance des groupes de symétrie, SU (2) par exemple.

Parallèlement aux théories de jauge, comme nous l'avons noté, va apparaître la notion d'*aspect ponctuel* des particules faisant l'objet d'une représentation. Les théories à dimensions « cachées » mentionnées en 4-1 ci-dessus sont la conséquence de cet aspect *ponctuel :* si une particule *P rigoureusement* ponctuelle doit être dotée d'une énergie *propre* (par exemple une masse propre) *non nulle,* comment justifier ce fait autrement qu'en disant que cette masse propre, qui ne peut naturellement pas être contenue dans le volume *nul* de la particule-point *P*, « se dissimule » dans un espace qui est comme le « dedans » du point *P* considéré : c'est là l'idée des dimensions additionnelles « cachées », dont nous avons vu deux exemples précédemment avec la Supergravitation et les Supercordes.

Mais la représentation ponctuelle des théories de jauge ne fait pas seulement mention d'une masse propre relative à la particule-point *P* : ce « point » *P* possède aussi une *impulsion propre,* un spin non nul par exemple. L'électron, ou encore un quark, est notamment décelé dans l'observation *expérimentale* contemporaine comme ayant à la fois une masse propre *et un spin.* Or le spin, et plus généralement l'action, nécessite pour sa représentation non seulement des axes d'espace *mais encore un axe du temps.* L'action doit se représenter sur une durée *non nulle* de temps. Comment donc parler d'une action propre au point *P à chaque instant t* de la vie du point *P*? Il ne paraît guère y avoir d'autre moyen que de supposer que le temps « ordinaire » t n'est pas le seul temps de l'Univers, qu'il existe un autre temps $\tilde{t}$, que nous appellerons l'antitemps, dont les physiciens n'avaient pas encore tenu compte, mais qui vient s'imposer à la Physique dans le prolongement direct des notions de particules ponctuelles porteuses d'une masse propre et d'une action non nulles.

C'est là l'idée fondamentale de la Relativité complexe. Non seulement elle ouvre la représentation de l'Univers à des dimensions *spatiales* additionnelles, comme l'avaient tenté (en fait depuis Kaluza, 1921) les théories à dimensions spatiales « cachées », mais elle fait l'hypothèse de l'existence d'un autre véritable *espace-temps* en chaque point *P* de l'« ancien » espace-temps de la Relativité einsteinienne. La Relativité complexe montrera par ailleurs que ce « nouvel » espace-temps (ou anti-espace-temps) se déduit simplement de l'espace-temps ordinaire en multipliant chaque vecteur de base des axes de coordonnées par $i = \sqrt{-1}$. Reprenant la terminologie proposée dès le début de ce travail, nous appellerons dorénavant RÉEL l'espace-temps einsteinien et IMAGINAIRE l'anti-espace-temps. La Relativité complexe peut donc être considérée comme une théorie à quatre dimensions *additionnelles* (trois d'espace et une de temps) ou, de manière équivalente, une théorie à quatre dimensions toutes *complexes.*

La Relativité complexe associe donc chaque structure ponctuelle *P* de l'espace-temps Réel à un micro-univers d'anti-espace-temps Imaginaire chargé de la représentation en *P* DE TOUTE LA MASSE PROPRE ET TOUTE L'ACTION ASSOCIÉES À LA STRUCTURE PONCTUELLE *P*. Comme on le constate, l'approche de la Relativité complexe se situe dans *le prolongement* direct des théories du type Supergravité ou Supercordes : à ceci près (mais c'est sans aucun doute essentiel) que la Relativité complexe dote chaque microsphère de l'Imaginaire non seulement de son espace « personnel » (l'antiespace) *mais aussi de son temps « personnel », l'antitemps.*

Rappelons enfin que la Relativité complexe indique que *toute l'action de l'Univers est localisée et représentée dans l'Imaginaire;* le Réel ne contient que des *Formes* (courbures riemanniennes) entièrement *vides* d'action (c'est-à-dire aussi d'impulsion-énergie).

Nous reviendrons au § III ci-dessous sur cette *partition* en Réel et Imaginaire faite par la Relativité complexe.

II. LES DIMENSIONS « CACHÉES » ADDITIONNELLES

Une importante question qui s'adresse immédiatement à toute théorie faisant l'hypothèse de l'existence dans notre Univers de plus de dimensions que les quatre dimensions « usuelles » est celle-ci : pourquoi l'observation, non seulement l'observation des siècles passés mais encore celle d'aujourd'hui, disposant de moyens technologiques si perfectionnés, n'a-t-elle jamais été capable de démontrer expérimentalement la présence dans l'Univers d'un nombre de dimensions supérieur à quatre, trois d'espace et une de temps?

1. *Les théories comme la Supergravitation ou les Supercordes* justifient généralement « l'invisibilité » des dimensions additionnelles (respectivement sept et six) qu'elles postulent en s'aidant de la double argumentation suivante :

a) les structures s'étendant dans les dimensions additionnelles sont « refermées » sur elles-mêmes et occupent des régions très « compactes, comme ce serait le cas de la surface d'une microsphère de très petites dimensions, dans une visualisation à deux dimensions comme nous l'avions fait dans l'illustration ci-dessus. De telles microsphères s'étendent donc « hors » des trois dimensions de notre espace Réel « ordinaire » (tout en étant cependant associées au temps relativiste « ordinaire »). Ces microsphères sont donc seulement observables au moment où elles *disparaissent,* en libérant leur énergie dans l'espace quadridimensionnel « usuel » — à supposer qu'un tel phénomène puisse avoir lieu;
b) les rayons de ces microsphères sont calculés par le formalisme des nouvelles théories (Supergravitation, Supercordes). On constate alors que ces rayons sont si *petits,* et par conséquent l'énergie associée à ces microsphères si grande, qu'*aucun des accélérateurs actuels* ne peut prétendre pour le moment pouvoir partir avec quelque chance de succès à la recherche de ces régions « supermicroscopiques » (10^{-30} cm) de notre Univers — à supposer que ces régions existent.

2. *La Relativité complexe* répond à la question de la prétendue « invisibilité » expérimentale des microsphères de l'Imaginaire en faisant

remarquer que, bien au contraire, ces régions Imaginaires sont parfaitement observables dès maintenant, et l'ont en fait été de tout temps : l'Imaginaire est composé de ces régions, *que détecte l'expérience* chaque fois qu'un phénomène met en jeu des *modifications de l'action* dans telle ou telle région de notre Univers. En effet, nous venons de le voir, l'Imaginaire est en Relativité complexe le lieu de l'Univers où se « loge » l'action afférente à chaque point du continuum Réel. L'expérience, comme la théorie, a amplement démontré l'existence de cette action en chaque point du Réel — et cette existence même rend nécessaire l'existence d'*un autre* espace-temps quadridimensionnel prenant naissance en chaque point du continuum du Réel. C'est ce nouvel espace-temps que nous avons nommé Imaginaire. Si on a pu si longtemps se passer de la notion d'Imaginaire, c'est parce qu'on a également mis longtemps à se rendre compte que, en dernière analyse, les structures porteuses d'action étaient, *dans le Réel,* spatialement PONCTUELLES en chaque instant du temps; et si de telles structures ponctuelles « existent », pourquoi serait-il impossible, ou même simplement difficile, de les représenter? Il a donc bien fallu « ouvrir » notre cadre de représentation à un autre espace-temps, venant compléter notre traditionnel espace-temps einsteinien.

III. LA REPRÉSENTATION DANS LE CADRE DE L'UNION IMAGINAIRE-RÉEL D'UN POINT DU CONTINUUM RÉEL EN RELATIVITÉ COMPLEXE

Nous fournissons ci-dessous la représentation des particules de matière telle que la propose la Relativité complexe :

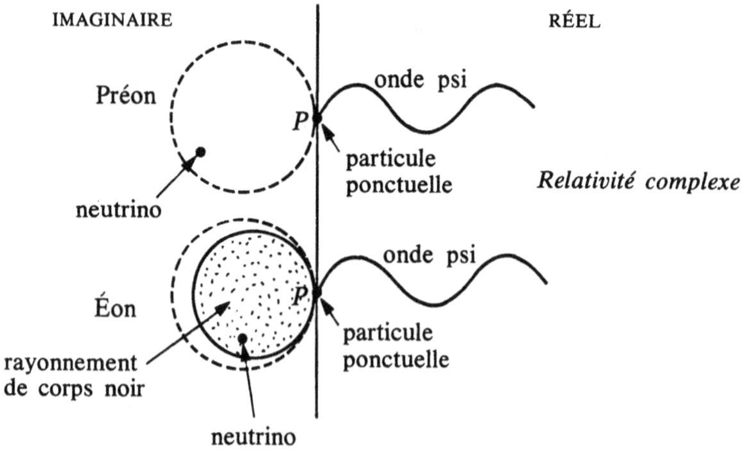

La Relativité complexe suggère que la représentation de *toute* particule (leptons neutres et chargés, hadrons et leurs composants, photons) s'étend ainsi *à la fois* sur le Réel et l'Imaginaire.

1. Solutions riemanniennes pour l'espace-temps Imaginaire.

Dans l'Imaginaire la particule est un micro-univers *fermé*, isotropique et homogène. Comme on le sait ⟨3⟩, un tel univers peut être caractérisé par trois quantités seulement, qui sont la densité de la matière d, la température absolue θ du rayonnement de corps noir remplissant le micro-univers et le moment angulaire p d'un neutrino décrivant une trajectoire fermée dans le micro-univers. Nous nommons *éon* la région de la particule complète qui s'étend dans l'Imaginaire quand toutes les caractéristiques, d, θ et p du micro-univers sont *différentes de zéro*, et *préon* si la densité d et la température θ sont *égales à zéro*. Les éons et les préons sont tous deux supposés avoir une pulsation radiale quantifiée (que nous nommons *pulse*) et un *spin* quantifié (action demi-entière pour le pulse et le spin). La Relativité complexe montre que le rayonnement noir, quand il est présent dans le micro-univers Imaginaire, constitue la source de la charge électrique de la particule, ce qui veut dire encore que tous les éons sont une partie de la représentation totale des particules *électriquement chargées*, tandis que les préons composent la partie *électriquement neutre* de chaque particule.

En fait, la solution éonique peut être nommée une solution *« double » :* c'est la *superposition* pour la même « trace » ponctuelle P dans le Réel *d' à la fois* la solution éonique et la solution préonique des équations (Système E) de la Relativité complexe pour l'espace-temps Imaginaire. La partie préonique génère l'*onde psi* qui se propage dans le Réel, tandis que la partie éonique est porteuse des propriétés électromagnétiques de la particule complète.

Dans l'illustration symbolique fournie ci-dessus on a représenté ce caractère de solution « double » de l'éon au moyen des surfaces de *deux* microsphères ayant une interface (trace) commune P avec le Réel : cependant, nous devons prendre garde au fait que seulement la *surface* (deux dimensions) de chaque sphère est représentative de la particule dans l'Imaginaire, la plus petite sphère éonique N'EST PAS enclose dans l'espace-temps propre à la sphère préonique, chaque sphère possède ses propres quatre dimensions d'espace-temps, il n'y a aucun point commun entre les surfaces éoniques et préoniques sauf l'interface ponctuelle P des deux surfaces avec l'espace-temps Réel.

Nous reviendrons sur le détail de ces différents aspects quand nous obtiendrons les équations de l'Imaginaire (Système E), dans le chapitre III.

2. Solutions riemanniennes pour l'espace-temps Réel.

2.1. LE PROBLÈME GÉNÉRAL.

Dans le Réel la particule n'est représentée que par sa « trace » *ponctuelle* P, comme nous l'avons expliqué ci-dessus. A cette « trace » P est associée l'onde habituelle psi de la Mécanique ondulatoire, se propageant avec une vitesse de phase infinie dans le référentiel du point *P*. La source de l'onde psi se situe donc dans la partie *Imaginaire* de la particule, aucune impulsion-énergie n'est associée à la partie de l'onde psi se propageant dans le Réel (onde de phase).

Le Réel ne représente donc aucune impulsion-énergie, mais uniquement ce que nous nommerons des FORMES. Étant donné que chaque point *P* du Réel suit, comme nous le montrera la Relativité complexe, une *géodésique* de la métrique ds^2 caractérisant le Réel en chaque point, les Formes du Réel sont les solutions géodésiques des équations du Réel en Relativité complexe — équations qui, comme nous le verrons, sont les mêmes que celles de la Relativité générale, mais avec un tenseur $T_{\alpha\beta}$ (nommé tenseur géométrique) qui est spécifique à la Relativité *complexe*. Ces *interactions géodésiques* de tout point *P* avec l'espace Réel où il est plongé constituent, comme nous allons le voir, les *interactions gravito-fortes* (interactions gravitationnelles et fortes).

Ce calcul du mouvement géodésique d'un point *P* dépend naturellement des *conditions initiales;* celles-ci comprennent la connaissance :
— d'une part des Formes du Réel à l'instant initial (théoriquement pour *la totalité* du Réel à cet instant initial); ce qui revient à la connaissance de *l'ensemble* des géodésiques du Réel à cet instant initial;
— d'autre part la connaissance des *interactions électrofaibles* entre tous les points *P* du Réel APRÈS l'instant initial : en effet, de telles interactions deviennent *à chaque instant de nouvelles* conditions initiales pour le calcul des géodésiques du Réel.

Naturellement, le problème pris ainsi dans sa plus grande généralité paraît a priori quasi insoluble, on se trouve dans une situation similaire à celle du « bootstrap » de Geoffrey Chew : il faut connaître en détail le Tout et son évolution dans le temps pour être capable de prévoir le comportement de l'Un. Pratiquement, on sait mener le calcul géodésique dans le cas d'une situation stationnaire, c'est-à-dire pour le mouvement géodésique d'un point *P* dans un espace Réel où les interactions électrofaibles et gravitofortes sont stationnaires (invariantes dans le temps). Un exemple simple est le mouvement d'un point *P* dans un espace *purement gravitationnel.* Mais il est important de comprendre comment, sur le plan théorique au moins, le problème *général* du mouvement géodésique de tout point en présence d'interactions gravito-fortes et électrofaibles peut être *posé* (sinon résolu). N'est-ce pas finalement d'abord cela la « Superunification »?

2.2. LES SOLUTIONS STATIONNAIRES.

Deux principaux types de *courbures scalaires riemanniennes « stationnaires »* vont, comme nous le verrons plus en détail dans les chapitres IV et V, pouvoir prendre place (c'est-à-dire être solutions des équations de la Relativité complexe) dans l'espace-temps Réel :

a) *Un type quantifié* (chapitre IV), fait d'une microstructure « compacte » et (en première approximation) sphérique dans laquelle la courbure riemannienne scalaire (carré de la densité de matière) décroît depuis un maximum au centre de la microsphère à zéro sur la périphérie. Nous appellerons HOLONS de telles microstructures stationnaires de l'espace Réel. Les holons possèdent une pulsation radiale et un spin, chacun d'eux quantifié à une action demi-entière. La partie holonique ainsi représentée dans le Réel est associée à des préons et des éons s'étendant dans l'espace-temps Imaginaire, respectivement nommés *gluons* et *quarks* dans la terminologie de la Physique actuelle. Les holons et leurs gluons et quarks associés sont les composants des HADRONS. La Relativité complexe montre que les quarks se disposent dans la structure holonique selon six « couches » (ou niveaux), rappelant les couches électroniques dans l'atome. Ces six niveaux des quarks correspondent à des densités croissantes de la structure holonique de la périphérie du holon vers son centre, et sont respectivement nommés (terminologie de la Physique actuelle) : *u*, *d*, *c*, *s*, *b*, *t*.

b) *Un type d'action totale nulle :* c'est le Réel considéré *dans son ensemble* (modèle cosmologique), qui fera l'objet du chapitre V. Cette structure « stationnaire » (la plus grande de toutes) du Réel est solution des équations de la Relativité complexe pour une métrique de Schwarzschild en espace-temps homogène et isotrope, comme nous l'avions fait pour ces micro-univers (éons et préons) constituant l'espace-temps Imaginaire. L'action totale associée à l'impulsion-énergie de l'Univers cosmologique en expansion-contraction (spin cosmologique) et le pulse total (récession de Hubble pour l'ensemble des points de l'espace cosmologique) pour une période de pulsation de l'Univers cyclique sont supposés être tous deux *nuls*. Cependant, comme nous l'avons dit, *aucune* impulsion-énergie n'est localisée dans l'espace-temps du Réel, toute celle-ci est représentée dans la partie Imaginaire de l'Univers total (union Réel et Imaginaire).

IV. UNIFIER LE MICROSCOPIQUE ET LE MACROSCOPIQUE

L'intérêt et l'originalité de la Relativité complexe ne résident pas seulement dans le fait de proposer et de représenter la part Imaginaire de l'Univers (comme une extension de la structure du Réel), mais aussi dans le fait d'obtenir de cette manière un ensemble *additionnel* d'équations (la représentation des éons et des préons) qui apparaît immédiatement comme un couplage entre le microscopique et le macroscopique. Par exemple, la période de pulsation radiale de l'éon T_E, après que nous l'aurons calculée à partir des équations de la Relativité complexe pour l'Imaginaire (Système E), vient à son tour permettre le calcul du modèle holonique (hadrons et quarks, Système H) : en effet, éon et holon sont les deux parties, respectivement dans l'Imaginaire et le Réel, de *la même* particule (hadron), ce qui conduit de façon naturelle à écrire l'égalité entre la période de pulsation radiale T_E de l'éon dans l'Imaginaire et celle T_H du holon dans le Réel. D'autre part, nous constaterons que la pulsation radiale du holon est directement responsable du potentiel gravitationnel de cette particule. L'analyse numérique des Systèmes E et H va fournir des données qui seront ensuite indispensables au calcul du modèle cosmologique (Système C). Ainsi, cette approche des phénomènes dans un cadre *unifié,* telle que la propose la Relativité complexe, est aussi une unification entre le microscopique et le macroscopique; et entre ce qui va apparaître comme les *deux* grands types d'interactions dans l'Univers : les interactions virtuelles (ou « à distance ») *électrofaibles* et les interactions géodésiques (ou de Forme) *gravitofortes.*

V. LES PROPRIÉTÉS NÉGUENTROPIQUES DE LA PARTIE IMAGINAIRE DE LA PARTICULE DE MATIÈRE

Un autre aspect du modèle de la particule de matière qu'il faut immédiatement souligner, étant donné qu'il constitue sans doute le changement le plus radical quand on le compare aux modèles particulaires proposés auparavant en Physique, est le suivant :

Comme nous l'avons dit, le micro-univers Imaginaire, qui est maintenant une part de toute particule, enferme dans le cas de la particule *chargée* (éon) un champ électromagnétique de rayonnement noir. Ce champ électromagnétique n'est pas seulement, comme nous l'avons précisé, l'origine et la source de la charge électrique de la particule : c'est un champ électromagnétique qui peut *accroître* spontanément son action et prendre des états de spin *plus grands que* 1 (univers fermé à entropie *décroissante*). Ces états supérieurs de spin sont mathématiquement décrits par des équations proposées, il y a plus de trente années déjà, par Louis de Broglie (équations dites de « fusion » des particules de spin entier, ⟨4⟩). Le nombre de conditions initiales pour un tel champ électromagnétique de fusion (que nous appellerons *champ sigma*) augmente très vite avec le spin $2n$, il est en effet de 16^{2^n}, et n croît à partir de $1/2$ comme une progression géométrique de raison 2 (16 conditions initiales pour $n = 1/2$, 256 pour $n = 1$, 65 536 pour $n = 2$, 4,3 milliards pour $n = 4$...). Ces conditions initiales sont collectées par la particule elle-même grâce à son onde psi « explorant », comme nous l'avons vu, les formes de l'espace-temps Réel. Cette « exploration » de la totalité de l'espace extérieur à la particule est *instantanée,* puisque l'onde psi se propage dans le Réel à vitesse de phase *infinie* dans le référentiel de la particule. Bref, ces propriétés font que le champ sigma enclos dans la partie Imaginaire d'une particule chargée doit être considéré comme jouant le rôle d'une véritable MÉMOIRE *ordonnée* et *cumulative* (mémorisation des données initiales de l'onde psi recueillies par la particule dans son monde extérieur du Réel). Ces propriétés laissent finalement pressentir qu'il n'est plus possible de considérer la « simple » particule de matière comme un objet purement « passif » : la Relativité complexe fait de la particule une véritable « individualité », dont la « mémoire » propre autorise à penser que cette particule va être capable d'un comportement « actif » (c'est-à-dire échappant partiellement aux simples lois physiques). S'il en est bien ainsi, il faudrait alors naturellement pouvoir tenir compte de ces propriétés « mnémoniques » individuelles de la particule pour expliquer *complètement* le mouvement de la « trace » ponctuelle *P* de la particule dans l'espace-temps du Réel.

Cependant, si intéressant (qui pourrait en douter?) que puisse être cet aspect « mémoire » que fait apparaître le modèle particulaire offert par la Relativité complexe, nous préférons réserver l'étude de cet aspect pour une autre publication (voir aussi réf. ⟨14⟩). Nous voulons nous en tenir ici, dans une première étape, à l'objectif d'unification des 4 interactions purement *« physiques »*.

VI. OBJECTIF ET THÈMES PRINCIPAUX TRAITÉS DANS LA PRÉSENTE RECHERCHE

1. L'objectif du présent travail est de montrer comment *l'introduction de la région Imaginaire* de l'espace-temps permet une représentation unifiée du microscopique (particule) et du macroscopique (espace cosmologique dans son ensemble), mettant en même temps en évidence les relations entre les quatre interactions physiques connues.

2. Nous donnerons (chapitre II) une brève présentation du formalisme de la Relativité complexe. L'aspect fondamental est l'obtention d'*une quantification de la Relativité générale,* chaque point *P* de l'espace quadridimensionnel d'Einstein étant ici associé à un micro-univers spatio-temporel hypersphérique fermé, ayant ses quatre dimensions propres, dont le rayon possède une pulsation périodique, et qui enferme un neutrino se déplaçant sur une trajectoire fermée qu'il parcourt périodiquement. La pulsation du rayon aussi bien que le mouvement du neutrino sont quantifiés à une action demi-entière, ce qui entraîne que chaque point *P* de l'espace de la Relativité générale est maintenant doté d'un spin et d'un « pulse » (action *totale* entière). Nous appelons ce nouveau formalisme Relativité « complexe » car les dimensions d'espace-temps du micro-univers Imaginaire en chaque point *P* sont les dimensions

« usuelles » de la Relativité générale après que les vecteurs de base sur chaque axe de coordonnées ont été multipliés par $i=\sqrt{-1}$. Le résultat mathématique essentiel de la Relativité complexe est l'obtention d'un tenseur *géométrique* $T_{\alpha\beta}$ (qui *n'est pas* un tenseur impulsion-énergie) ayant la propriété de généraliser AUX QUATRE INTERACTIONS le mouvement géodésique de chaque point, résultat qui, comme on le sait, était en Relativité générale limité aux interactions gravitationnelles.

3. Les chapitres III et IV obtiennent les *modèles particulaires* (leptons chargés, hadrons, neutrinos, photons) et montrent comment ces modèles sont en relation avec la représentation des quarks. Chaque particule est ici « duale », en ce sens qu'elle comporte une partie dans l'Imaginaire (Système E d'équations) et une partie dans le Réel (Système H), les deux systèmes E et H étant couplés l'un à l'autre et admettant une solution *unique*. Ces deux chapitres vont démontrer l'unification entre l'ensemble des quatre types d'interactions (électrofaibles et gravitofortes) et indiquer aussi la spécificité propre des actions dites *de couleur* (apparaissant comme une sorte de « pont » entre les interactions faibles et les interactions fortes).

4. Le chapitre V propose le *modèle cosmologique* déduit de la Relativité complexe, montre l'unicité de la solution cosmologique (Système C) et calcule *l'ensemble* des grandeurs cosmologiques (Univers dans son ensemble). En dépit du fait que, comme nous le constaterons, nos équations cosmologiques font apparaître également un « big bang » (expansion à vitesse proche de la lumière) à l'origine des temps (« commencement » de l'Univers), comme le font pratiquement tous les modèles déduits de la Relativité générale, cette importante période du « commencement » ne se présente pas du tout ici comme dans les modèles einsteiniens : le moment de plus petit rayon de l'Univers *n'est pas,* en Relativité complexe, une *singularité* dans l'évolution, le rayon ne tend pas vers zéro et donc température et densité ne tendent pas vers l'infini. Une analyse précise de l'évolution des paramètres cosmologiques peut être faite autour du moment de plus grande contraction, et fait notamment apparaître une grande variation de la valeur de la « constante » de la gravitation G pendant cette période originelle. On y distingue une période particulièrement intéressante, entre les années 300 et 400 millions, que nous nommons le « bang », pendant laquelle les particules de matière (alors peu nombreuses) présentes dans l'espace cosmologique empruntent directement une impulsion *à l'espace en expansion* et obtiennent ainsi, pendant cette période du « bang », une énergie relativiste très élevée (dont le « résidu » serait encore aujourd'hui les primaires les plus énergiques du rayonnement cosmique).

5. Tous les calculs effectués dans la présente recherche ont été conduits *sans faire appel à* AUCUN *paramètre arbitraire;* nous n'avons introduit dans les équations que des quantités bien définies et expérimentalement bien connues. Le Système E-H est numériquement calculé au moyen de

cinq quantités : la vitesse de la lumière c, la constante de Planck h et les masses propres des trois leptons chargés expérimentalement observés : m, μ et τ. Le Système C est numériquement calculé en s'appuyant sur trois quantités cosmologiques seulement, toutes trois bien connues expérimentalement aujourd'hui : la « constante » de la gravitation $G=6{,}67.10^{-8}$ cgs, la température $\theta=2{,}7$ deg.K du rayonnement noir électromagnétique remplissant l'espace et le paramètre de Hubble $H=1{,}8.10^{-18}\ s^{-1}$.

On démontre finalement l'*existence et l'unicité* de la solution du Système E-H-C d'équations couplées.

6. Comme pour toute théorie physique nouvelle, la « vérification » de la Relativité complexe est basée sur la *cohérence* du formalisme, sur la *complétude* de la représentation des phénomènes physiques, sur les résultats numériques déduits des équations qui peuvent être directement *comparés à l'observation* et, en dernier lieu, sur les *prévisions* de la théorie, qui peuvent aussi devenir la source de nouvelles recherches théoriques et expérimentales.

Introduisant dans le formalisme, comme nous venons de le noter, seulement *cinq* paramètres c, h, m, μ, τ au niveau microscopique et *trois* paramètres G, θ et H à leurs valeurs d'aujourd'hui au niveau macroscopique, soit en tout huit quantités physiques bien mesurées, la Relativité complexe obtient *toutes les principales caractéristiques numériques de notre Univers* avec une précision MEILLEURE QUE UN POUR CENT.

Nous mentionnerons plus particulièrement les résultats de calcul suivants :
— la masse propre M_H et le rayon R_H du nucléon;
— la charge électrique élémentaire e;
— le « modèle » et l'intensité de chacune des quatre interactions physiques;
— les énergies des six quarks et des principaux bosons vecteurs intermédiaires.

Les *prévisions* sont particulièrement nombreuses, et aussi particulièrement « précieuses », dans le domaine *cosmologique.* En effet, la cosmologie souffre encore aujourd'hui d'une pauvreté scientifique relative, compte tenu d'une part des insuffisances des modèles déduits de la Relativité générale (aucun modèle sans « singularité ») et, d'autre part, des difficultés inhérentes à l'observation directe en matière cosmologique. C'est pourquoi il faut attacher un intérêt plus spécial encore aux résultats suivants obtenus par la Relativité complexe :
— démonstration de l'unicité du modèle cosmologique;
— calcul de la vitesse de récession de Hubble quelle que soit la distance;
— valeur et variation de la « constante » de gravitation tout au long de l'évolution de l'Univers;
— accélération des particules cosmiques jusqu'à des énergies relativistes très élevées (primaires cosmiques);

— valeur du coefficient q de décélération tout au long de l'évolution de l'Univers;
— rayon de l'Univers à l'origine, rayon et âge aujourd'hui et au moment de l'expansion maximum;
— densités et températures de l'espace tout au long de l'évolution;
— notre Univers visible se compose de régions de l'Univers ayant toutes le même âge cosmologique, qui est aussi l'âge cosmologique *actuel* de l'observateur.

Mais, à notre sens, le succès principal de la Relativité complexe est constitué de la mise en évidence et la représentation des propriétés de *mémoire ordonnée et cumulative* au niveau de *chaque particule* individuelle de matière. Cependant, comme nous l'avons observé, nous réservons cette recherche fondamentale pour une publication ultérieure, nous limitant ici au problème de l'unification des quatre interactions *physiques*.

CHAPITRE II

LA RELATIVITÉ COMPLEXE ET LA QUANTIFICATION DE LA RELATIVITÉ GÉNÉRALE

I. RELATIVITÉ COMPLEXE ET RELATIVITÉ GÉNÉRALE

1. Le cadre de représentation de la Relativité complexe.

Comme nous l'avons précisé dès le début du présent travail, la Relativité complexe considère un espace-temps riemannien défini comme suit :

Partons pour cette définition de l'espace-temps quadridimensionnel de la Relativité générale, comportant trois coordonnées d'espace purement imaginaires et une coordonnée réelle de temps (invariant *positif* ds^2). A partir de maintenant nous conviendrons d'appeler *Réel* cet espace-temps de la Relativité générale.

En *chaque* point P du Réel nous considérons un micro-univers hypersphérique fermé et radialement pulsant M; prenant le point P comme origine du système de coordonnées, chaque point de M sera repéré au moyen de trois coordonnées d'espace réelles et une coordonnée purement imaginaire de temps (invariant *négatif* ds^2).

Chaque micro-univers M possède son propre espace et son propre temps et il y a autant de micro-univers M qu'il y a de points P dans l'espace-temps Réel, c'est-à-dire une infinité continue. Deux micro-univers M n'ont aucun point en commun; chaque micro-univers M a en commun avec le Réel un point, et un point seulement, c'est le point P. Nous appellerons *Imaginaire* l'ensemble infini continu de tous les micro-univers M.

Chaque point de l'Imaginaire a donc besoin de huit nombres (huit dimensions) pour être localisé, de telle sorte que l'on peut dire que *la totalité* de notre Univers physique, fait de l'union du Réel et de l'Imaginaire, a besoin pour sa représentation d'un cadre d'espace-temps riemannien à huit dimensions (quatre pour le Réel et quatre pour l'Imaginaire); ou encore, compte tenu des définitions (1-1) et (1-2) du

Réel et de l'Imaginaire, que la totalité de l'Univers physique doit être rapporté à un cadre de représentation riemannien à quatre coordonnées *complexes* d'espace-temps. Cette dernière définition fait bien apparaître la Relativité complexe comme l'extension « naturelle » de la Relativité générale.

Comme nous l'avons souligné dans le chapitre I, et comme nous le démontrerons dans le présent chapitre, toute l'impulsion-énergie de l'Univers est contenue et représentée dans la partie *Imaginaire* de l'Univers. Le Réel ne contient pour sa part que des Formes, c'est-à-dire des mouvements de structures ponctuelles *P* (situées à l'interface entre les micro-univers Imaginaires *M* et le Réel). Ces mouvements des points *P* ont lieu suivant les géodésiques de la métrique riemannienne du Réel. Ces géodésiques « matérialisent » les interactions gravitofortes résultant à chaque instant de la présence *collective* des micro-univers Imaginaires *M*. Les interactions virtuelles électrofaibles entre les micro-univers *M* définissent à leur tour les conditions initiales pour le calcul des géodésiques suivies par les points *P* dans le Réel.

2. La Relativité complexe comme EXTENSION « naturelle » des formalismes associés de la Relativité générale et de la Théorie quantique.

Au lieu d'introduire directement dans l'élaboration de la Relativité complexe un formalisme complexe (avec notamment un tenseur métrique $T_{\alpha\beta}$ *complexe*), nous allons, dans une première phase, profiter du fait que le Réel et l'Imaginaire sont des espaces-temps *fermés,* avec seulement un point *P* d'interface entre chaque micro-univers Imaginaire *M* et le Réel cosmologique; et aussi du fait que la représentation de l'impulsion-énergie n'a lieu que dans les micro-univers Imaginaires.

Nous donnerons la représentation des phénomènes physiques en *distinguant* leur partie Réelle et leur partie Imaginaire, en nous souvenant que chaque point *P* du Réel comporte un complément dans un micro-univers Imaginaire fermé. Dans une telle représentation, dans laquelle on considère *successivement* deux espaces-temps complémentaires mais cependant distincts (Réel et Imaginaire), ces espaces-temps étant dans chaque cas rapportés aux quatre dimensions « usuelles » (purement imaginaires ou réelles) de la Relativité générale, nous allons pouvoir éviter l'usage d'un invariant *ds complexe*, pour faire usage d'un *ds* qui n'est que *soit purement réel soit purement imaginaire.* La Relativité générale nous a appris que le formalisme riemannien peut se développer aussi facilement avec un *ds* réel ou un *ds* imaginaire pur, à condition de prendre cependant quelques « précautions ». De telles précautions sont principalement nécessitées par le fait que, avec un ds^2 négatif, nous obtenons une vitesse unitaire $u^\alpha = dy^\alpha/ds$ *imaginaire* — avec l'inconvénient de rencontrer dans ce cas des impulsions et des énergies imaginaires. Comme on le sait, on peut cependant revenir à des impulsions-énergies réelles *en changeant la définition de l'énergie W et de l'impulsion P,* fournissant dans ce cas une représentation en termes de *vitesses de phase,* qui ne sont jamais *plus petites* que la vitesse de la lumière *c*.

La Relativité complexe n'a cependant pas voulu introduire dans son formalisme une *double* définition de l'énergie-impulsion (W, P). C'est vrai que les vitesses de phase peuvent très utilement entrer dans la représentation des phénomènes physiques (Mécanique ondulatoire, par exemple), et *RC* fera elle-même usage de cette notion quand elle opérera un « pont » avec la Mécanique quantique (quantification de la Relativité générale). Mais *CR* est avant tout un formalisme *géométrique,* et il est apparu que pour ce cas l'usage d'une double définition de l'énergie-impulsion pouvait être un peu ambiguë. D'ailleurs, même en Mécanique ondulatoire on ne considère les vitesses de phase plus grandes que *c* d'une particule que comme des grandeurs *de transition,* puisqu'on peut toujours revenir aux *vitesses de groupe* de la particule, qui ne sont elles jamais plus grandes que *c*.

Cependant, et précisément parce que *RC* est avant tout un formalisme *géométrique,* nous allons accepter une vitesse unitaire $u^\alpha = dy^\alpha/ds$ qui puisse être soit réelle soit imaginaire pur. En effet, comme nous allons le voir, l'expression $(\rho u^\alpha)^2$, dans laquelle la densité ρ est supposée toujours *réelle,* est proportionnelle dans *RC* à une courbure géométrique scalaire de l'espace-temps $\mathbb{T}^\alpha_\alpha$, qui peut naturellement être aussi bien positive que *négative :* et dans ce dernier cas il faudra bien accepter u^α comme imaginaire. *RC* va donc choisir un peu plus loin une *définition* de l'énergie-impulsion (W, P) qui sera directement dérivée des composantes géométriques $\mathbb{T}^\alpha_\alpha$ en tout point d'espace-temps, mais sera limitée dans son expression à la seule partie *réelle* de $\mathbb{T}^\alpha_\alpha$.

Nous reviendrons plus en détail sur ce sujet primordial d'une définition de l'énergie-impulsion (W, P) à partir du tenseur géométrique $T_{\alpha\beta}$ dans le paragraphe (II-5) ci-dessous. Nous souhaitons souligner pour le moment ce fait que nous nous proposons de construire le formalisme de la Relativité complexe comme une *extension* de la Relativité générale, c'est-à-dire élaborer une représentation à métrique ds^2 toujours *réelle* (positive, nulle ou négative), mais *jamais complexe.*

Une fois encore, le principal avantage de procéder de cette manière est que la représentation du Réel va être, en Relativité complexe, immédiatement *compatible* avec les résultats anciens obtenus en Physique par la Relativité générale et la Théorie quantique. Seule la représentation Imaginaire sera nouvelle, et apparaîtra comme un *complément destiné à compléter* la représentation ancienne.

3. Principales conséquences de l'ouverture de l'espace-temps ancien (Réel) à un espace-temps plus vaste fait de l'union d'un Imaginaire au Réel.

Afin de mieux saisir comment l'introduction de l'Imaginaire vient modifier profondément le « paysage » actuel de la représentation des phénomènes en Physique nous commencerons, avant même d'entrer dans les détails mathématiques du formalisme de la Relativité complexe, par procéder à un rapide « survol » des principales conséquences de l'ouverture du cadre de représentation d'espace-temps à l'Imaginaire.

3.1. STRUCTURES PONCTUELLES DE MASSE PROPRE M_0 ET D'ACTION nh.

Comme nous l'avons vu, la Physique contemporaine a été conduite à une représentation du Réel où ce dernier est composé de structures *ponctuelles* P auxquelles on doit attribuer une masse propre M_0 généralement différente de zéro, et une action nh (n entier non nul). Chacun de ces points P est caractérisé par une onde probabiliste psi. Cette représentation possède de prime abord un aspect paradoxal, étant donné qu'aucune quantité physique ne peut être contenue (et donc représentée) dans une structure strictement ponctuelle, faite d'un volume nul d'espace et d'un seul instant du temps. La Relativité complexe montre que cet aspect paradoxal, propre à chaque point P du Réel, disparaît dès que l'on postule que le point P est la « trace » dans le Réel d'un micro-univers M s'étendant dans quatre dimensions d'espace-temps qui sont distinctes des dimensions d'espace-temps auquel est rapporté le Réel.

3.2. LE SPECTRE CONTINU D'ÉNERGIE $W(\tilde{t})$ ET L'ÉNERGIE MOYENNE $W(t)$ AU POINT P.

Soit $\tilde{t}$ le temps de l'Imaginaire et t le temps du Réel (celui de la Relativité générale et de la Théorie quantique). A chaque instant $\tilde{t}$ du temps Imaginaire le micro-univers M associé au point P du Réel possède une énergie $W(\tilde{t})$. L'« oscillateur » $h\nu_0$ postulé en chaque point P par la Mécanique ondulatoire n'est donc pas fait d'une fréquence monochromatique $\nu_0 = M_0c^2/h$, mais d'un spectre continu de fréquences ν, ν_0 étant en fait une fréquence « moyenne » calculée sur une période de pulsation T du micro-univers M associé au point P. Comme on le sait, un tel spectre *continu* de fréquences ν est *nécessaire* pour justifier l'aspect *ponctuel* P de la structure animée de la vitesse *de groupe* au point P.

L'énergie $W(t)$ au point P à chaque instant t du Réel est la moyenne sur une période T de l'énergie $W(\tilde{t})$ du micro-univers M en pulsation à période T :

$$W(t) = \frac{1}{T}\int_0^T W(\tilde{t})\,d\tilde{t}. \tag{2-1}$$

Par ailleurs, la *densité propre* ρ au point P est :

$$\rho(t) = \frac{1}{\Omega_0 c^2}\,W(t) \tag{2-1-a}$$

qui comporte l'introduction d'une nouvelle constante absolue de la Physique :

$$\Omega_0 = \frac{4}{3}\,\pi l_0^3 \tag{2-1-b}$$

nommée le *volume élémentaire,* dépendant lui-même d'une *longueur élémentaire* l_0. Nous verrons que Ω_0 joue un rôle important dans le formalisme de la Relativité complexe (2-18-*a*).

3.3. La courbure riemannienne scalaire au point P et les interactions gravitofortes.

La Relativité complexe va montrer qu'en chaque point P du Réel sont satisfaites les équations :

$$R_{\alpha\beta} - \frac{1}{2} Rg_{\alpha\beta} + \Lambda g_{\alpha\beta} = -T_{\alpha\beta} = -\xi^2\rho^2 u_\alpha u_\beta$$

où la constante ξ est définie comme suit :

$$\xi = \frac{\Omega_0 c}{\hbar} \qquad (h = 2\pi\hbar)$$

et où $T_{\alpha\beta}$ est appelé le *tenseur géométrique* qui, comme on le voit, *n'est pas* comme en Relativité générale un tenseur impulsion-énergie. A partir de ces équations la Relativité complexe démontre :

- le mouvement géodésique de chaque point P du Réel :

$$u^\alpha \ \nabla_\alpha u_\beta = 0$$

- une équation de continuité pour la courbure riemannienne scalaire $R = g^{\alpha\beta} R_{\alpha\beta} = \xi^2\rho^2 + 4\Lambda$

$$\nabla_\alpha Ru^\alpha = 0.$$

On peut dire par conséquent que le Réel est fait de formes géométriques en transformation, que nous nommerons plus simplement des *Formes.* Toute l'impulsion-énergie de l'Univers est contenue et représentée dans l'Imaginaire, et non dans le Réel. C'est vrai que tout point P du Réel est un interface ponctuel entre le Réel et l'Imaginaire, et qu'on pourrait sembler dire légitimement que le point P est aussi «porteur» de l'impulsion-énergie du micro-univers M en P; de même que P est «porteur» de la Forme du Réel en P : mais l'impulsion-énergie en P et la Forme en P ont des représentations bien *distinctes*, l'impulsion-énergie est un attribut *physique* de l'Imaginaire, la Forme est un attribut *géométrique* du Réel.

Tout point P suit, à tout instant t, une géodésique de la métrique ds^2 du Réel à cet instant t. Nous nommerons cette propriété interaction *gravitoforte* du point P avec le Réel à l'instant t (interactions gravitationnelles et fortes). Il est clair que le calcul de la géodésique suivie par P à l'instant t comporte, comme condition initiale, l'impulsion-énergie «portée» par P (et représentée dans l'Imaginaire en P) à cet instant t. Pendant un tel mouvement géodésique, et si le point P ne subit pas pendant son mouvement d'autres types d'interactions, le point P n'est soumis *à aucune force* (principe du mouvement géodésique). Ce qui signifie que, dans ce cas, la seule connaissance des conditions initiales à l'instant t et des interactions gravitofortes permettra le calcul du mouvement de *P*, non seulement à l'instant initial *t*, mais encore aux instants postérieurs à *t*.

3.4. Les modifications d'impulsion-énergie et les interactions électrofaibles.

Mais il existe des interactions « virtuelles » (c'est-à-dire « à distance ») qui ont lieu directement au cours du temps *entre les micro-univers Imaginaires M.* Ce type d'interactions, que nous nommerons *interactions électrofaibles,* a pour effet de *modifier* l'impulsion-énergie d'un point *P* se déplaçant le long d'une géodésique du Réel. Ceci signifie que le calcul de la géodésique suivie par *P* comporte *de nouvelles conditions initiales* — et donc que *P* va brusquement suivre une nouvelle géodésique. Une telle brusque modification de la géodésique suivie par *P* prendra place chaque fois que *P* modifiera son impulsion-énergie, donc chaque fois que *P* subira une interaction électrofaible. De telle sorte que l'on doit dire que chaque point *P* du Réel subit continuellement des interactions gravitofortes et parcourt sous l'effet de ces interactions une géodésique de la métrique ds^2 du Réel; mais, chaque fois que le point *P* fait l'expérience d'une nouvelle interaction électrofaible, ce point *P* parcourt une *nouvelle* géodésique, calculée en tenant compte *à la fois* des interactions gravitofortes et des interactions électrofaibles afférentes au point *P*.

3.5. Le comportement particulaire : collectif et individuel.

Comme nous l'avons souligné dès notre chapitre I, l'aspect le plus nouveau de la Relativité complexe est l'existence d'un champ électromagnétique « de fusion » enfermé dans la partie Imaginaire électriquement chargée des particules de matière (éons). Ce champ de fusion, encore nommé *champ sigma,* peut prendre des états de spin *plus grands que 1* (1, 2, 4, 8...), contrairement au champ électromagnétique « habituel », qui est de spin 1. Notons cependant qu'un tel champ électromagnétique « de fusion », ou champ sigma, représentant des états de spin éventuellement plus grands que 1, se trouve avoir été déjà analysé mathématiquement dans le détail (mais pour des raisons et des objectifs cependant tout autres) par Louis de Broglie et ses collaborateurs ⟨4⟩ dès les années 1950.

Le champ Imaginaire sigma propre à une particule est couplé à l'onde probabiliste psi de cette même particule. Les conditions initiales de cette onde psi à chaque instant *t* (recueillies par la particule à partir des Formes du Réel à cet instant *t*) deviennent par conséquent à leur tour des conditions initiales du champ sigma, venant se cumuler avec les conditions initiales recueillies avant l'instant *t*. Si $2n$ est le spin du champ sigma, le nombre *maximum* de conditions initiales pour ce champ est 16^{2n}, avec $n = 1/2$, 1, 2, 4, 8... Ceci veut encore dire que le nombre de composantes du champ sigma augmente très vite avec *n* (par exemple, 4,3 milliards de composantes pour ce champ sigma pour $n=4$). Le champ sigma fonctionne pour cette raison comme une véritable « mémoire » intégrant dans sa structure les conditions initiales (donc les données présentes du monde extérieur à la particule), et une mémoire *cumulative* puisque les conditions initiales nouvelles ne viennent pas se substituer aux anciennes mais viennent *s'ajouter* aux anciennes (évolution néguentropique de l'espace-temps Imaginaire, qui ne laisse pas disparaître les informations mais les « intègre » dans le temps).

Le champ sigma n'est pas seulement une mémoire cumulative du passé et du présent : c'est aussi une *mémoire prévisionnelle du futur.* En effet, la structure *néguentropique* de l'espace-temps Imaginaire entraîne que les conditions initiales du champ sigma à l'instant t_0 peuvent *générer de l'information nouvelle,* sous la forme du *comportement* de la particule à $t=t_0$, ce comportement étant une *conséquence logique* des informations présentes et passées à cet instant t_0. En d'autres termes, le champ sigma peut être la source d'un COMPORTEMENT INDIVIDUEL de la particule : celle-ci est dotée à chaque instant t d'une sorte de *« vouloir »,* qui lui permet d'avoir un comportement pour atteindre une situation future, et tenter d'établir dans les faits cette situation future.

L'analyse du comportement particulaire, en s'appuyant sur les données théoriques et expérimentales de la Théorie quantique (qui représente le comportement particulaire dans le cas d'un champ sigma de spin 1, soit $n=1/2$), montre que l'onde psi est en fait porteuse *d'un ensemble (généralement infini) de comportements possibles* à chaque instant t_0, chacun de ces comportements étant associé à une *probabilité* d'avoir ce comportement établi dans les faits pour $t \geqslant t_0$. D'une autre manière, on pourrait dire que le « choix » par la particule de son comportement individuel parmi un ensemble de comportements possibles à caractère probabiliste (qui exprime le « vouloir » particulaire) est *aléatoire,* chaque comportement entrant cependant dans cet aléatoire avec un « poids » chiffré par la probabilité associée à ce comportement.

Ainsi le champ sigma effectue au moyen de l'onde psi un couplage entre les Formes du monde extérieur à la particule et le monde « intérieur » personnel de cette particule. L'onde psi elle-même se trouve en quelque sorte « modelée » par le champ sigma, puisque psi et sigma sont couplés entre eux. Comme on le voit, le comportement probabiliste de la particule n'est plus ici simplement tributaire du milieu extérieur où se meut la particule, comme en Théorie quantique élémentaire ($n=1/2$), mais tributaire *à la fois* du monde extérieur et du monde intérieur à la particule (champ sigma particulaire). Certes, le comportement probabiliste sera identique à celui calculé par la Théorie quantique orthodoxe dans le cas de particules ayant une mémoire « vide » (champ sigma de spin 1 seulement, cas du champ électromagnétique habituel, $n=1/2$) : mais ce comportement, tout en demeurant probabiliste, pourra être sensiblement différent si l'on doit tenir compte de l'existence possible d'un champ sigma de spin *plus élevé* que 1; le comportement particulaire sera dans ce cas tributaire du milieu extérieur *et de la mémoire « personnelle » de la particule concernée.* Dans le cas où le champ sigma est le spin 1, c'est-à-dire où la particule est livrée pour son comportement au « pilotage probabiliste » de la simple onde psi habituelle de la Théorie quantique, nous conviendrons de dire que la particule a un COMPORTEMENT COLLECTIF : en effet, comme on le voit, le mouvement particulaire ne dépend plus alors que de *la totalité* du monde *extérieur* à la particule, c'est *le Tout* qui « pilote » la particule, il n'y a plus de part « individuelle » dans le comportement particulaire, puisqu'il n'y a plus de mémoire particulaire, ou plutôt que celle-ci est (encore) « vide ».

Il n'en va plus de même cependant dès que la particule possède un champ sigma dans un état de spin plus grand que 1, c'est-à-dire dispose d'une mémoire cumulative néguentropique lui octroyant un COMPORTEMENT INDIVIDUEL. Certes, la particule subit encore l'influence du monde extérieur, mais un tel comportement « collectif » est maintenant, en quelque sorte, « en compétition » avec le comportement individuel de la particule. D'autre part, plus la mémoire particulaire est forte (plus le champ sigma est de spin élevé), plus le comportement particulaire devient « individuel », au détriment de la composante « collective » du comportement global. Pour être bref, on peut dire que l'accroissement de spin du champ sigma s'accompagne d'un comportement particulaire dépendant toujours plus du « vouloir » résultant logiquement de la mémoire néguentropique « personnelle » particulaire, et toujours moins du Tout (c'est-à-dire de l'Univers entier en évolution).

Pour nous résumer, le comportement particulaire est la résultante d'un comportement COLLECTIF et d'un comportement INDIVIDUEL. Dans le comportement collectif la particule ne dispose pas de mémoire sigma, elle a strictement le comportement probabiliste « à la Copenhague » de la Théorie quantique orthodoxe : la particule est solidaire du Tout, et du Tout seul, pour le « choix » de son comportement; cette « solidarité » de la particule au Tout signifie donc que, s'il y a choix, ce choix est en fait *l'œuvre du Tout,* nous dirons encore *l'œuvre du « non-vouloir »* particulaire. Dans le comportement individuel la particule dispose d'une mémoire sigma, qui tend à « infléchir » son comportement pour le rendre toujours plus dépendant de son « vouloir » personnel, et toujours moins dépendant du Tout (de son « non-vouloir »).

Je pense cependant que l'ensemble des événements (et donc aussi des comportements) dans l'Univers est soumis à une sorte de « pulsion » pour s'ordonner selon le « bon ordre » de cet ensemble universel. L'expression « bon ordre » doit être prise ici au sens mathématique de la théorie des ensembles, et notamment dans le cadre de l'application à cette théorie du théorème de Zermelo : « Tout ensemble peut être bien ordonné » ⟨15⟩. En fait, on peut dire que la particule se comporte sous la pulsion de *deux* structures différentes (et complémentaires) : une structure de mémoire *individuelle,* qui si elle est prépondérante conduit la particule à un comportement essentiellement « volontaire »; et une structure *collective* d'appartenance au Tout, qui si elle ne subissait pas la contrainte du comportement individuel ordonnerait tous les événements de l'Univers selon le « bon ordre » de ceux-ci. Cette pulsion du Tout donne à la particule individuelle une tendance à s'efforcer de contribuer pour sa propre part, dans son propre comportement, à la réalisation du « bon ordre » du Tout. Le comportement effectif de la particule est, comme nous l'avons dit, la résultante de ces deux pulsions antagonistes (mais cependant complémentaires) : une pulsion individuelle et une pulsion collective.

Ces deux pulsions ne doivent pas, bien entendu, être jugées en termes de « bien et de mal », ni en termes de « l'individuel contre le collectif » : l'individuel et le collectif sont TOUS DEUX des moteurs de l'évolution, et c'est d'ailleurs ce que notre Univers paraît avoir bien « compris », puisqu'on voit opérer un juste équilibre de ces deux tendances d'un bout à l'autre de l'échelle dimensionnelle, de la particule aux organismes les plus complexes.

Nous n'entrerons pas ici plus avant dans l'étude du comportement particulaire, réservant comme nous l'avons dit l'examen de ce qui touche à la « mémoire particulaire » à une publication ultérieure, et nous limitant pour le moment au problème de l'unification des quatre interactions physiques.

II. LE FORMALISME DE LA RELATIVITÉ COMPLEXE

1. Définitions et conditions de base.

Nous considérons un tenseur riemannien de rang 2 $T_{\alpha\beta}$, que nous appelons le tenseur *géométrique,* cette qualification se justifiant du fait que l'expression microscopique de $T_{\alpha\beta}$ est censée fournir en chaque point P les données relatives à *la géométrie* de l'espace-temps en ce point, pour des conditions initiales et complémentaires connues.

Ces conditions complémentaires, appelées *conditions de Cartan,* sont les suivantes :

a) L'espace-temps est représenté par une métrique riemannienne quadridimensionnelle :

(2-2) $$ds^2 = g_{\alpha\beta}\, dy^\alpha\, dy^\beta \qquad (\alpha, \beta = 1 \text{ à } 4)$$

où $g_{\alpha\beta}$ est un tenseur métrique à composantes réelles satisfaisant partout les conditions de Riemann-Cauchy.

b) $T_{\alpha\beta}$ est un tenseur de rang 2 qui peut être exprimé en termes des $g_{\alpha\beta}$ et leurs dérivées partielles jusqu'au second ordre.

c) $T_{\alpha\beta}$ satisfait identiquement les relations de conservation :

$$\nabla_\alpha T^\alpha_\beta \equiv 0 \qquad (\forall r, t). \tag{2-3}$$

Les conditions de Cartan conduisent univoquement à la formulation usuelle de la Relativité générale, formulation qui demeure valable pour la Relativité complexe :

$$R_{\alpha\beta} - \frac{1}{2} R g_{\alpha\beta} + \Lambda g_{\alpha\beta} = - T_{\alpha\beta} \tag{2-4}$$

où $R_{\alpha\beta}$ est le tenseur de courbure, $R = g^{\alpha\beta} R_{\alpha\beta}$ la courbure riemannienne scalaire et Λ une constante réelle (constante cosmologique).

Nous utiliserons dorénavant les abréviations : *RG* pour la Relativité *générale* et *RC* pour la Relativité *complexe.*

2. Conservation de $T_{\alpha\beta}$ et action stationnaire.

En dépit du fait que *RC,* comme cela a lieu pour *RG,* suppose que le tenseur géométrique $T_{\alpha\beta}$ satisfait les relations de conservation (2-3), *RC* ne fait pas comme *RG* l'hypothèse que $T_{\alpha\beta}$ représente un tenseur *impulsion-énergie,* comme l'avait postulé Einstein. C'est pourquoi *RC* nomme $T_{\alpha\beta}$ tenseur *géométrique* (et non pas tenseur physique). *RC* satisfait à la conservation de l'impulsion-énergie (ce qui est naturellement nécessaire) au moyen du principe d'action stationnaire ⟨5⟩ :

$$\delta \int_{V_4} U dV_4 = 0 \tag{2-5}$$

où :

$$U = \frac{dA}{dV_4} \tag{2-6}$$

est un lagrangien local; U est une *densité quadridimensionnelle d'action,* représentant l'action élémentaire dA contenue dans un volume élémentaire d'espace-temps dV_4. U est une fonction holomorphe (c'est-à-dire continue, uniforme et analytique) des coordonnées d'espace-temps r et t.

Nous pouvons maintenant diagonaliser le tenseur métrique $g_{\alpha\beta}$, puis le normaliser en tout point P d'espace-temps :

$$\eta_{\alpha\beta} = \eta^{\alpha\beta} = \begin{bmatrix} -1 & 0 & 0 & 0 \\ 0 & -1 & 0 & 0 \\ 0 & 0 & -1 & 0 \\ 0 & 0 & 0 & 1 \end{bmatrix} \tag{2-7}$$

Appelons *espace tangent normal* η_P *au point* P l'espace défini de cette manière au moyen du tenseur (2-7).

U est, d'après (2-6), un pseudo-scalaire de poids +1 (A est un invariant et dV_4 un pseudo-scalaire de poids −). U est donc un *invariant* dans toute transformation de *Lorentz* prenant place dans l'espace normal tangent η_P au point P, puisque les éléments de $\eta_{\alpha\beta}$ sont tous des quantités *constantes* (Jacobien égal à -1).

L'équation *la plus simple* que doit satisfaire l'invariant U dans l'espace tangent η_P au point P est :

(2-8) $$\Box^2 U + C_1 U + C_2 U^2 + \ldots + C_n U^n = 0$$

avec : $$\Box^2 = \eta^{\alpha\alpha}\partial_\alpha^2 \qquad \left(\partial_\alpha = \frac{\partial}{\partial y^\alpha}\right)$$

et où les C_n sont des coefficients réels, caractérisant la géométrie de l'espace au point P (et variant généralement d'un point P à un autre). Remarquons que C_1 possède les dimensions d'une courbure scalaire (inverse du carré d'une longueur).

Multiplions (2-4) par $g^{\alpha\beta}$ et sommons sur α et β; on obtient :

(2-9) $$g^{\alpha\beta}T_{\alpha\beta} - (R - 4\Lambda) = 0$$

qui s'écrit, dans l'espace normal tangent η_P au point P :

(2-10) $$\eta^{\alpha\alpha}\mathbb{T}_{\alpha\alpha} - (R - 4\Lambda) = 0$$

Les $\mathbb{T}_{\alpha\alpha}$ sont ici les quatre composantes diagonales du tenseur géométrique *normal* au point P (c'est-à-dire $T_{\alpha\beta}$ exprimé dans l'espace tangent normal η_P au point P).

En multipliant maintenant chaque terme de (2-10) par la valeur invariante de U au point P, nous obtenons :

(2-11) $$\eta^{\alpha\alpha}\mathbb{T}_{\alpha\alpha}\,.\,U - (R - 4\Lambda)\,.\,U = 0$$

que nous identifions avec l'équation en U (2-8) au point P. L'identification une nouvelle fois *la plus simple* (conditions suffisantes, sinon nécessaires) s'écrit :

(2-12) $$\begin{cases} \mathbb{T}_{\alpha\alpha}\,.\,U = -\partial_\alpha^2 U \\ R - 4\Lambda = C_1 \\ \quad C_n = 0 \quad \text{pour } n > 1 \end{cases}$$

Avec (2-12) l'équation (2-8) devient :

(2-13) $$\Box^2 U + (R - 4\Lambda)\,U = 0$$

3. Les variables de champ.

Nous définissons maintenant la vitesse unitaire u^α et la densité propre de matière ρ comme des variables de champ caractérisant chaque point P de l'espace-temps.

3.1. Vitesse unitaire u^α.

(2-14) $$u^\alpha = \frac{dy^\alpha}{ds}$$

u^α est un champ holomorphe des coordonnées d'espace-temps. u^α est soit purement réel (vitesse jamais *supérieure* à la vitesse de la lumière c), soit purement imaginaire (vitesse jamais *inférieure* à c).

Pour u^α *imaginaire* le point P concerné est nommé *tachyon* ($v > c$). Nous verrons (2-37) qu'un tachyon possède une impulsion P toujours *nulle.*

(2-14) entraîne :

(2-15) $$g_{\alpha\beta} u^\alpha u^\beta = 1$$

3.2. DENSITÉ PROPRE DE MATIÈRE ρ.

La densité propre ρ en chaque point de l'espace (soit Réel, soit Imaginaire) est définie comme suit :

a) ρ est un *invariant.*

b) ρ est une fonction *holomorphe.*

c) ρ est une quantité *réelle* ($\forall u^\alpha$, réel ou imaginaire).

d) ρ est nul, par définition, quand l'invariant *ds* est nul; et réciproquement :

(2-16) $$ds = 0 \longleftrightarrow \rho = 0$$

Ceci signifie encore que le produit ρu^α est *indéterminé* pour $\rho = 0$, puisque dans ce cas la vitesse unitaire u^α est infinie. Nous verrons (5-3 ci-dessous) comment est levée cette indétermination.

e) Nous inspirant de la Mécanique quantique, où l'impulsion-énergie I_α est définie comme un opérateur agissant sur la fonction probabiliste ψ :

(2-17) $$I_\alpha \,.\, \psi = (-i\hbar\partial_\alpha)\,\psi \qquad (i = \sqrt{-1})$$

nous choisissons, pour compléter la *définition de ρ en espace riemannien :*

(2-18) $$\Omega_0 c \rho u_\alpha \,.\, U/\sqrt{-g} = (i\hbar\partial_\alpha)\, U/\sqrt{-g}$$

où g est ici le déterminant des $g_{\alpha\beta}$, et où par conséquent $U/\sqrt{-g}$ est un invariant. Ω_0 est une constante absolue, que nous nommons *volume élémentaire,* nécessaire pour assurer l'homogénéité dimensionnelle de (2-18). Ce volume élémentaire peut lui-même être écrit :

(2-18-*a*) $$\Omega_0 = \frac{4}{3}\pi\, l_0^3$$

ce qui introduit de cette manière dans le formalisme de la Relativité complexe une *longueur élémentaire* l_0, qui comme on le sait a déjà été proposée plusieurs fois en Mécanique quantique ⟨8⟩ depuis 1925. Nous verrons que Ω_0 joue dans *RC* un rôle important, créant un lien entre la représentation leptonique et la représentation hadronique.

On vérifie que la définition (2-18) fait bien de ρ un *invariant,* comme exigé par la définition (a). Le signe de ρ est accepté, dans *RC,* comme distinguant la *matière* ($\rho \geqslant 0$) de l'*antimatière* ($\rho \leqslant 0$).

4. Les équations de la Relativité complexe.

Dans l'espace tangent normal η_p en un point P quelconque nous avons :

(2-19) $$\sqrt{-g} = 1$$

et (2-18) devient :

(2-20) $$\xi \rho u_\alpha . U = i\partial_\alpha U$$

où nous avons introduit la constante :

(2-21) $$\xi = \frac{\Omega_0 c}{\hbar} \qquad (h = 2\pi\hbar).$$

ξ utilise, comme on le voit, la longueur élémentaire l_0 définie en (2-18-a), et qui sera numériquement calculée par les équations de la *RC,* dans le chapitre III.

Avec (2-12) et (2-21) les quatre composantes diagonales du tenseur géométrique normal $\mathbb{T}_{\alpha\alpha}$ s'écrivent :

(2-22) $$\mathbb{T}_{\alpha\alpha} = \xi^2 \rho^2 u_\alpha^2$$

Dans tout changement de référentiel au point P, ρ est un invariant et les quatre composantes quadratiques u_α^2 se transforment comme celles d'un tenseur de rang 2 $V_{\alpha\beta}$:

(2-23) $$V_{\alpha\beta} = u_\alpha u_\beta$$

(2-22) fournit par conséquent la forme microscopique du tenseur géométrique $T_{\alpha\beta}$ en tout point P de l'espace :

(2-24) $$\boxed{T_{\alpha\beta} = \xi^2 \rho^2 u_\alpha u_\beta}$$

Comme on le constate, $T_{\alpha\beta}$ n'est pas un tenseur impulsion-énergie. $T_{\alpha\beta}$ est ici valide dans *toutes les régions de l'espace,* quel que soit le type d'interaction (électrofaible, forte, gravitationnelle) qui prend place dans cette région.

L'équation (2-4) de *RC* s'écrit maintenant, avec (2-24) :

(2-25) $$\boxed{R_{\alpha\beta} - \frac{1}{2} R g_{\alpha\beta} + \Lambda g_{\alpha\beta} = -\xi^2 \rho^2 u_\alpha u_\beta}$$

En multipliant chaque membre de (2-25) par $g^{\alpha\beta}$ et en sommant sur α et β, on obtient après contraction, et en tenant compte de (2-12) et (2-15) :

(2-26) $$R - 4\Lambda = g^{\alpha\beta} T_{\alpha\beta} = \xi^2 \rho^2 = C_1$$

Dans l'espace tangent normal η_P, et en tout point P de cet espace, (2-8) s'écrit maintenant :

(2-27)
$$\boxed{\Box^2 U + \xi^2\rho^2 U = 0}$$

L'équation (2-27) n'est cependant généralement applicable *qu'au point P lui-même,* puisqu'un espace riemannien ne peut généralement pas être représenté sur une région *étendue* autour de P dans un référentiel pseudo-euclidien de Lorentz (sauf, bien sûr, si l'espace riemannien est lui-même localement euclidien autour de P).

Finalement, avec (2-26), on obtient pour la courbure riemannienne scalaire au point P, $R = g^{\alpha\beta}R_{\alpha\beta}$:

(2-28)
$$\boxed{R = \xi^2\rho^2 + 4\Lambda}$$

où nous voyons que R est une quantité toujours *réelle,* puisque la constante cosmologique Λ est supposée être réelle dans *RC*.

5. Masse propre M_0, impulsion P et énergie W en *RC*.

Dans l'espace tangent normal η_P au point P le tenseur géométrique $T_{\alpha\beta}$ prend sa forme normale $\mathbb{T}_{\alpha\beta}$, et ses composantes diagonales sont données par (2-24) :

(2-29)
$$\eta_{\alpha\alpha}\mathbb{T}^{\alpha\alpha} = \xi^2\rho^2(u^4)^2 - \sum_{j=1}^{3} \xi^2\rho^2(u^j)^2 = \xi^2\rho^2 = \mathbb{T}^4_4 + \mathbb{T}^1_1 + \mathbb{T}^2_2 + \mathbb{T}^3_3$$

ou encore :

(2-30)
$$\begin{cases} \mathbb{T}^4_4 = \xi^2\rho^2(u^4)^2 \\ \mathbb{T}^j_j = -\xi^2\rho^2(u^j)^2 \quad (j = 1, 2, 3) \end{cases}$$

Dans le § 3 ci-dessus nous avons défini en chaque point A de l'espace la vitesse unitaire u^α et la densité propre ρ. Notons que ces deux quantités ont reçu des définitions *géométriques;* c'est clair pour $u^\alpha = dy^\alpha/ds$, mais c'est vrai aussi pour la densité propre ρ qui est, avec (2-28), donnée par :

(2-28-*a*)
$$\rho^2 = \frac{1}{\xi^2}(R - 4\Lambda)$$

Nous voudrions maintenant définir au point A les quantités *physiques* associées à ces quantités géométriques, comme notamment *la masse propre* M_0, *l'énergie* W *et l'impulsion* P au point A. En fait, la *RC* n'a jusqu'à maintenant parlé que de grandeurs géométriques, ce qui est naturel puisque la Relativité complexe est, au départ, une théorie essentiellement *géométrique.* Nous voulons éviter en *RC* l'ambiguïté apportée en *RG*, où $T_{\alpha\beta}$ a été (*à tort* croyons-nous) considéré comme une quantité physique (tenseur impulsion-énergie); *RG* mélange ainsi dans les équations de base (2-3) et (2-4) le physique et le géométrique, et suppose a priori leur *équivalence,* ce qui n'est cependant pas une « évidence ». Nous cherchons ici *les définitions* des grandeurs physiques que nous souhaitons associer aux grandeurs géométriques, ces dernières entrant *seules* dans les équations de base (2-3) et (2-4). Nous désirons naturellement avoir ces définitions des grandeurs physiques aussi proches que possible des définitions « traditionnelles »; mais, si cela est nécessaire, nous n'hésiterons pas à « contester » l'équivalence entre le géométrique et le physique postulée par Einstein en *RG*, et nous allons notamment constater que *le géométrique va finalement nous apparaître comme plus général que le physique.*

Nous allons choisir *les définitions* de la masse propre M_0, et de l'énergie-impulsion (W, P) en tout point A de l'espace-temps (Réel ou Imaginaire) de façon que ces définitions respectent les 3 critères suivants :

a) M_0 et (W, P) doivent être définis en termes de la *densité propre* ρ, la *vitesse unitaire* u^α et du *volume élémentaire* Ω_0, et de ces quantités *seulement.*

b) M_0 et (W, P) doivent être des quantités *réelles* (rappelons que Ω_0 est une constante absolue également réelle).

c) M_0 et (W, P) doivent être associés entre eux par la relation fondamentale qui lie ces quantités en Relativité restreinte :

(2-31) $$\frac{W^2}{c^2} - \sum_{j=1}^{3} P_j^2 = M_0^2 c^2$$

5.1. LA MASSE PROPRE M_0.

Étant donné que le point A où l'on cherche à définir la masse propre M_0 possède, comme tout point mathématique, un volume *nul,* la définition d'une masse propre de A doit nécessairement faire appel à une constante absolue homogène à un volume, qui « normaliserait » en quelque sorte le « volume » de chaque point mathématique d'espace-temps. En Relativité complexe nous avons déjà rencontré un tel volume « normalisé », c'est *le volume élémentaire* Ω_0, associé lui-même à une *longueur élémentaire* l_0 (2-18-*a*) :

(2-18-*b*) $$\Omega_0 = \frac{4}{3} \pi l_0^3.$$

La masse propre au point mathématique A sera, *par définition :*

(2-32) $$M_0 = \Omega_0 \rho.$$

M_0 est, comme on le voit d'après la définition de ρ et Ω_0, une quantité *réelle,* positive, négative ou nulle. Le signe de M_0 distingue la matière de l'antimatière. On constate que cette définition de la masse propre *n'est pas* la définition « traditionnelle », qui attribuerait une masse nulle à tout point *mathématique* (donc de volume nul).

5.2. L'ÉNERGIE-IMPULSION (W, P).

L'énergie-impulsion doit, en Relativité complexe, être définie à partir des grandeurs *géométriques* de la théorie, et notamment les composantes $\mathbb{T}^\alpha_\alpha$ du tenseur géométrique normal. Chacune de ces composantes $\mathbb{T}^\alpha_\alpha$ est exprimée par (2-30) en fonction de la densité ρ et de la vitesse unitaire u^α au point A considéré.

Deux particularités importantes vont faire que, comme nous allons le constater, il n'y a pas ici simple *équivalence* entre le géométrique et le physique, et qu'il n'est donc pas possible d'exprimer sans précaution (W, P) à partir des $\mathbb{T}^\alpha_\alpha$:

a) u^α peut être, par sa définition, réel ou imaginaire. Ceci signifie encore, avec (2-29), que les composantes géométriques $\mathbb{T}^\alpha_\alpha$ peuvent être positives ou négatives. Mais ces $\mathbb{T}^\alpha_\alpha$ sont, d'après (2-30) encore, à mettre en correspondance avec *des carrés* de l'impulsion et de l'énergie, carrés qui doivent être *positifs* pour définir une énergie-impulsion (W, P) *réelle.*

b) Dans le cas d'un espace rempli de rayonnement électromagnétique (corps noir à température θ) on a $\rho = 0$ et $u^\alpha =$ infini $(ds = 0)$. Le produit ρu^α est donc *indéterminé.* Comment va-t-on associer dans un tel espace l'énergie-impulsion (W, P) à des composantes géométriques $\mathbb{T}^\alpha_\alpha$ indéterminées? En fait, n'est-ce pas ici au contraire l'impulsion-énergie du corps noir qui va permettre de lever l'indétermination sur les $\mathbb{T}^\alpha_\alpha$?

Cette question (*b*) nous conduit à traiter séparément les définitions de l'énergie-impulsion (W, P) pour *la matière* $(\rho \neq 0)$ et (W, P) pour le *rayonnement noir* $(\rho = 0)$.

5.2.1. *L'énergie-impulsion (W, P) pour la matière.*

Rappelons d'abord la distinction entre vitesse de groupe v et vitesse de phase $\tilde{v}$ au point A de masse propre M_0 (avec la définition ci-dessus) et de vitesse unitaire u^α :

$$\text{(2-33)} \quad \left\{ \begin{aligned} u^4 &= \frac{dy^4}{ds} = \frac{1}{\sqrt{1 - v^2/c^2}} = \frac{i}{\sqrt{\tilde{v}^2/c^2 - 1}} \\ u^j &= \frac{dy^j}{ds} = \frac{v^j}{c\sqrt{1 - v^2/c^2}} = \frac{i\tilde{v}^j}{c\sqrt{\tilde{v}^2/c^2 - 1}} \end{aligned} \right. \qquad \begin{pmatrix} i = \sqrt{-1} \\ j = 1, 2, 3 \end{pmatrix}.$$

Depuis très longtemps (Mécanique ondulatoire, de Broglie, 1925) la Physique nous a accoutumé à cette distinction entre vitesse de groupe v et vitesse de phase $\tilde{v}$ d'une particule de masse propre M_0; une telle particule peut, de manière équivalente, être représentée comme une structure ponctuelle A se déplaçant avec une vitesse de groupe v n'excédant jamais la vitesse de la lumière c ou une onde de phase psi, dont la structure ponctuelle A est la source, et qui se propage à une vitesse $\tilde{v}$ jamais plus petite que c. Entre v et $\tilde{v}$ on a par ailleurs la relation simple :

$$\text{(2-34)} \qquad v\tilde{v} = c^2.$$

Cependant, et cette particularité est elle aussi bien connue, *les définitions de l'énergie et de l'impulsion s'échangent* suivant que l'on décrit le mouvement de la particule A soit avec sa vitesse de groupe v, soit avec sa vitesse de phase $\tilde{v}$, avec dans les deux cas la préoccupation d'affecter au point A une énergie comme une impulsion toutes deux *réelles*. Plus précisément, ces définitions sont les suivantes (en supposant, pour simplifier, que u^j et l'impulsion P soient colinéaires) :

- *A représenté avec sa vitesse de groupe v :*

$$\text{(2-35-}a\text{)} \quad \begin{cases} \dfrac{W}{c} = M_0 c u^4 = \dfrac{M_0 c}{\sqrt{1 - v^2/c^2}} \\ P = M_0 c u^j = \dfrac{M_0 v}{\sqrt{1 - v^2/c^2}} \end{cases}$$

- *A représenté avec sa vitesse de phase $\tilde{v}$:*

$$\text{(2-35-}b\text{)} \quad \begin{cases} \tilde{P} = M_0 c i u^4 = \dfrac{M_0 c}{\sqrt{\tilde{v}/c^2 - 1}} \\ \dfrac{\tilde{W}}{c} = M_0 c i u^j = \dfrac{M_0 \tilde{v}}{\sqrt{\tilde{v}^2/c^2 - 1}} \end{cases}$$

Les deux définitions se rapportent au même point A de masse propre M_0, et W et $\tilde{W}$ d'une part, P et $\tilde{P}$ d'autre part, s'expriment en fait, comme on le voit avec (2-34), par *les mêmes* quantités *numériques* quand ces quantités concernent *le même* point A de masse propre M_0 de l'espace-temps. Nous avons simplement mis un tilde sur l'une des deux quantités pour rappeler que l'une des deux quantités (celle portant le tilde) s'exprime au moyen de la vitesse de phase $\tilde{v}$, tandis que l'autre s'exprime avec la vitesse de groupe v.

Comparant maintenant ces deux définitions (W, P) et $(\tilde{W}, \tilde{P})$ avec l'équation (2-29) de la Relativité complexe, on constate immédiatement que *les deux* définitions de l'énergie-impulsion satisfont l'équation générale relativiste (2-31), que nous voulons être la base de notre *définition* de l'énergie-impulsion en Relativité complexe :

$$\text{(2-36)} \quad \begin{cases} a) \quad \dfrac{W^2}{c^2} - P^2 = M_0^2 c^2 \\ b) \quad \dfrac{\tilde{W}^2}{c^2} - \tilde{P}^2 = M_0^2 c^2 \end{cases}$$

Cependant, il est clair que nous ne pouvons pas nous permettre d'utiliser *deux* définitions différentes de l'énergie-impulsion *au cours du même calcul :* on ne peut pas, par exemple, choisir des données initiales pour un modèle d'espace-temps en utilisant la vitesse de groupe v; et décider ensuite, en constatant que la solution du modèle basé sur ces données initiales fournit une impulsion P imaginaire, interpréter ce résultat en prétendant qu'il traduit le fait que, au cours du calcul, la vitesse de groupe v se soit « mystérieusement » transformée en vitesse de phase $\tilde{v}$ (ce qui aurait naturellement pour conséquence de rendre P réel). Ce qui a été entré dans un calcul comme vitesse de groupe doit demeurer vitesse de groupe tout au long du calcul.

Mais doit-on cependant, dans un cas comme celui de l'exemple ci-dessus, conclure que la solution basée sur les données initiales choisies est inacceptable, car elle a finalement produit une impulsion *P imaginaire?* C'est ici le moment de nous souvenir que, en Relativité complexe, tout modèle est *avant tout un modèle géométrique;* or l'impulsion *P imaginaire* (c'est-à-dire un *P^2 négatif*) doit d'abord être interprétée comme le P^2 d'un modèle faisant apparaître dans sa solution une courbure $\mathbb{T}^j_j$ *positive* de l'espace, puisque d'après (2-30) on a :

$$\mathbb{T}^j_j = -\xi^2\rho^2(u^j)^2 = -P^2\,\frac{c^2}{\hbar^2}$$

qui est positif pour P^2 *négatif* (impulsion P imaginaire). Or, au point de vue *géométrique,* une courbure positive de l'espace est aussi acceptable qu'une courbure négative, et ne doit pas nous conduire à rejeter la solution déduite des données initiales adoptées. On doit seulement exiger des quantités géométriques que nous entrons comme conditions initiales pour calculer une solution des équations de la *RC* de satisfaire les deux conditions suivantes :

— les $\mathbb{T}^\alpha_\alpha$ doivent être des quantités *réelles,*

— les $\mathbb{T}^\alpha_\alpha$ doivent vérifier les *relations de conservation* $\nabla_\alpha T^\alpha_\beta \equiv 0$

et nous présumons que les données initiales fournissant une impulsion P imaginaire, dans l'exemple précédent, ont bien été choisies de manière à satisfaire ces deux conditions.

Comment faut-il donc interpréter ce P imaginaire, puisqu'il est fourni par une solution des équations *géométriquement* acceptable? La réponse est qu'*il ne faut pas* accepter un P imaginaire, puisque nous avons convenu ci-dessus qu'une impulsion doit toujours être *réelle :* mais il nous faut décider de l'acceptabilité ou du rejet d'une solution SUR LES CRITÈRES GÉOMÉTRIQUES SEULEMENT; et ensuite, examiner ce que cette solution nous fournit comme impulsion *réelle.* Les P imaginaires déduits d'une solution géométrique acceptable doivent donc être interprétés comme ayant une partie réelle *nulle,* et finalement comme $P=0$, puisque nous avons convenu, *par définition,* qu'une impulsion *doit toujours être réelle.*

Par conséquent, nous sommes finalement conduits à écrire la relation (2-31) entre énergie W, impulsion P et masse propre M_0 sous la forme :

$$\text{(2-31-}a\text{)} \qquad \frac{W^2}{c^2} = M_0^2c^2 + (\text{partie réelle } P)^2$$

relation qui reste naturellement valide en Relativité d'Einstein, qui ne considère que des impulsions réelles *déduites de grandeurs géométriques équivalentes* (donc également réelles).

Nous sommes maintenant en mesure de donner une définition précise à l'énergie-impulsion (W, P) en Relativité complexe :

(2-37)
$$\begin{array}{|ll|}\hline \textit{Impulsion} & P^j = \text{partie réelle } (\Omega_0 c\rho u^j) = |\Omega_0 c\rho u^j| \\ \textit{Énergie} & W = c\left(M_0^2 c^2 + \sum_{j=1}^{3} |\Omega_0 c\rho u^j|^2\right)^{\frac{1}{2}} \\ \hline \end{array}$$

où $|\quad|$ indique la partie réelle d'une quantité complexe.

W, P et M_0 satisfont maintenant entièrement les trois critères a, b et c que nous avions donné au début de ce § 5 pour leur *définition.*

5.2.2. *L'énergie-impulsion (W, P) pour le rayonnement noir.*

Les composantes $\mathbb{T}_\alpha^\alpha$ du tenseur géométrique normal sont ici *indéterminées,* puisque dans (2-29) nous avons pour ce cas $\rho = 0$ et u^α = infini. La Physique nous apprend cependant que, pour un espace empli de rayonnement noir à température θ, la densité d'énergie D_E est donnée par :

(2-37-*a*)
$$D_E = a\theta^4$$

où $a = 7{,}62 . 10^{-15}$ cgs est la constante de Stephan.

Nous avons également, puisque $\rho = 0$ et que le rayonnement est supposé être isotropique :

(2-37-*b*)
$$\frac{W^2}{c^2} = 3P_j^2 = P^2 \qquad \left(P_j^2 = \frac{P^2}{3}\right)$$

Entre les composantes géométriques $\mathbb{T}_\alpha^\alpha$ nous avons donc aussi, pour un espace empli de rayonnement noir :

(2-37-*c*)
$$\mathbb{T}_4^4 = -3\,\mathbb{T}_j^j \qquad (j = 1, 2, 3).$$

Mais comment sont associés entre eux les $\mathbb{T}_\alpha^\alpha$ et $W = \Omega_0 D_E$ pour ce cas du rayonnement noir? Une remarque va nous guider : un rayonnement noir exerce sur les parois qui l'enferment une « pression de radiation », qui tend donc à *diminuer,* en même temps que la température θ du rayonnement noir, la courbure scalaire de l'espace; cet effet est *inverse* de celui de la matière, qui par effet gravitationnel tend à *accroître,* en même temps que la densité de matière, la courbure de l'espace qu'occupe cette matière. Cette remarque, aussi « qualitative » soit-elle, a cependant permis d'orienter le choix de la Relativité complexe pour proposer la relation entre W (ou D_E) et les $\mathbb{T}_\alpha^\alpha$ pour un espace empli de rayonnement noir :

(2-37-d)
$$\boxed{\mathbb{T}_4^4 = -3\,\mathbb{T}_j^j = -\xi^2 D_E^2/c^4 = -W^2/c^2h^2}$$

Nous constaterons plus tard (chapitres III et V) que ce choix :

a) satisfait les conditions de *conservation :*

$$\nabla_\alpha T_\beta^\alpha \equiv 0$$

b) permet l'obtention de modèles de l'espace dans son ensemble *sans singularité* pendant toute la durée de l'évolution, aussi bien pour les micro-univers de l'Imaginaire (chapitre III) que pour l'Univers cosmologique du Réel dans son ensemble (chapitre V).

Ce dernier résultat est particulièrement important, puisqu'on sait que *pratiquement tous* les modèles cosmologiques déduits des équations de la Relativité *générale* souffrent d'une singularité (volume nul, température et densité infinies) à l'origine des durées (big bang). L'analyse faite par la Relativité complexe montre que cette singularité provient du fait que *le signe des* $\mathbb{T}_\alpha^\alpha$ *pour le rayonnement noir est erroné en Relativité générale :* ce signe est en effet inverse de celui (2-37-d) auquel conclut la Relativité complexe, qui fait $\mathbb{T}_4^4$ *négatif.* Cette « erreur » de la Relativité générale entraîne que le modèle « s'écroule » littéralement sur lui-même en approchant de l'instant initial, car le rayonnement noir ne vient pas ici, comme en Relativité complexe, *compenser géométriquement* la courbure toujours plus forte de l'espace due à l'accroissement de la densité de la matière durant la période originelle.

6. Le mouvement géodésique et l'équation de continuité pour la courbure riemannienne scalaire *R*.

Des relations de conservation du tenseur géométrique $T_{\alpha\beta}$:

(2-3-a)
$$\nabla_\alpha T_\beta^\alpha \equiv 0$$

on déduit, en tenant compte de (2-24) :

(2-38)
$$\nabla_\alpha(\rho^2 u^\alpha u_\beta) = \nabla_\alpha(\rho^2 u^2).\ u_\beta + \rho^2 u^\alpha\ \nabla_\alpha u_\beta = 0$$

On a par ailleurs :

(2-39)
$$g_{\alpha\beta}g^{\beta\gamma} = \delta_\alpha^\gamma$$

où δ_α^γ est le symbole de Kronecker. Appliquant ce résultat à (2-15) on obtient :

(2-40)
$$u^\alpha u_\alpha = 1$$

dont la dérivation covariante donne :

(2-41) $$u^{\beta}\ \nabla_{\alpha}u_{\beta}=0$$

En multipliant (2-38) par u^{β} et en sommant sur β on obtient :

$$\nabla_{\alpha}(\rho^2u^2).\,u_{\beta}u^{\beta}+\rho^2u^{\alpha}u^{\beta}\ \nabla_{\alpha}u_{\beta}=0$$

qui fournit, en nous servant de (2-40) et (2-41) :

(2-42) $$\boxed{\nabla_{\alpha}(\rho^2u^{\alpha})=0}$$

Tenant maintenant compte de (2-42) dans (2-38) on obtient :

$$\boxed{u^{\alpha}\ \nabla_{\alpha}u_{\beta}=0} \qquad (\alpha,\ \beta=1 \text{ à } 4)$$

(2-43) indique que tout point P de l'espace (dans le Réel comme dans l'Imaginaire) se déplace selon une géodésique de la métrique ds^2. Ce résultat constitue *une extension aux quatre types d'interactions* du principe du mouvement géodésique que la Relativité générale avait établi pour la gravitation seulement.

Une telle extension a été rendue possible par (2-42), qui s'écrit aussi :

(2-44) $$\nabla_{\alpha}(\rho u^{\alpha})=\frac{1}{2}\,\rho\ \nabla_{\alpha}u^{\alpha}=-u^{\alpha}\,\frac{\partial\rho}{\partial y^{\alpha}}$$

montrant que l'espace de la Relativité complexe, à cause de la forme généralisée (2-24) de son tenseur géométrique $T_{\alpha\beta}$, comporte généralement des *contraintes* en chaque point P (sauf, d'après (2-44), quand la densité ρ est constante ou que le champ de vitesse u^{α} est sans divergence). Nous verrons ci-dessous que ces contraintes correspondent à la présence en chaque point P de l'espace *Réel d'un spin et d'un pulse quantifiés,* eux-mêmes représentés en Relativité complexe dans le micro-univers *Imaginaire* en P, micro-univers qui est en pulsation périodique radiale et dans lequel « tourne » (spin) un neutrino.

Finalement, (2-42) donne avec (2-29) la relation familière de la Relativité générale :

(2-45) $$\boxed{\nabla_{\alpha}(Ru^{\alpha})=0}$$

qui représente (comme pour *RG*) *une équation de continuité pour la courbure riemannienne scalaire R*. Mais on voit qu'en Relativité complexe cette relation (2-45), associée à (2-42), est aussi une équation de continuité pour *le carré* de la densité propre ρ.

III. ASPECTS GÉOMÉTRIQUES ET ASPECTS PHYSIQUES DANS LA REPRÉSENTATION DE LA RELATIVITÉ COMPLEXE

1. Le principe d'équivalence d'Einstein entre le géométrique et le physique.

Le premier principe accepté par Albert Einstein au moment de la création de sa Relativité générale a été *l'équivalence* possible entre la représentation physique et la représentation géométrique de l'Univers :

(2-46) $$S_{\alpha\beta} = T_{\alpha\beta} \qquad (\alpha, \beta = 1 \text{ à } 4)$$

où $S_{\alpha\beta}$ est un tenseur géométrique supposé être défini par les conditions de Cartan (2-2) et $T_{\alpha,\beta}$ *un tenseur impulsion-énergie* fournissant la distribution de l'impulsion-énergie en chaque point P de la représentation géométrique. Ceci veut dire encore que le tenseur $T_{\alpha\beta}$ est, en Relativité générale, proportionnel à la *densité relativiste de l'impulsion-énergie* en chaque point P de l'espace, et donc aussi proportionnel à la densité propre ρ au point P si ρ est différent de zéro.

En d'autres termes, Einstein a de cette manière admis la complète équivalence entre la courbure riemannienne scalaire R (à un facteur multiplicatif près) et la densité d'impulsion-énergie. Et il écrit la conservation de l'impulsion-énergie sous la forme :

(2-47) $$\nabla_\alpha T^\alpha_\beta \equiv 0$$

Cette relation lui permet de préciser la forme du tenseur géométrique $S_{\alpha\beta}$, qui doit à son tour satisfaire, avec (2-47) :

(2-48) $$\nabla_\alpha S^\alpha_\beta \equiv 0$$

La Relativité *complexe* a approché la représentation de l'espace-temps de manière complètement différente : *RC* accepte les relations (2-46) et (2-47), *mais ne fait pas dès le départ l'hypothèse que le tenseur $T_{\alpha\beta}$ est un tenseur impulsion-énergie.* Par conséquent, (2-47) ne garantit pas par elle-même la conservation de l'impulsion-énergie, et *RC* cherche un autre principe (d'autres relations que (2-47)) pour assurer, dans son formalisme, la conservation de l'impulsion-énergie (qui est naturellement un principe *nécessaire,* aussi bien pour *RC* que pour *RG*). Ce nouveau principe va être, en Relativité complexe, le *principe d'action stationnaire,* qui est comme on le sait ⟨5⟩ le principe noetherien conjugué de celui de conservation de l'impulsion-énergie. Cette acceptation d'un second principe pour baser le formalisme de *RC* va, dès le départ, différencier profondément *RC* de *RG* :

a) *RC*, reposant sur *deux principes indépendants* pour sa représentation de l'espace-temps (au lieu du principe unique sur lequel repose le formalisme de *RG*), parvient comme on l'a vu (2-24) à obtenir une forme *microscopique* (c'est-à-dire valable en chaque point *P*) pour le tenseur $T_{\alpha\beta}$. Cette forme de $T_{\alpha\beta}$, puisqu'elle dérive directement des principes de base du formalisme, est *valide pour tout l'espace et pour tous les types d'interaction* (électrofaibles, fortes et gravitationnelles); alors que, comme on s'en souvient, *RG* n'a jamais réussi à obtenir une forme microscopique satisfaisante de $T_{\alpha\beta}$ (Einstein lui-même l'a souligné de nombreuses fois), et n'a donc pu appliquer son $T_{\alpha\beta}$ « provisoire », même dans le cas limité de la gravitation, que dans *l'approximation* $T_{\alpha\beta}=0$, sur laquelle reposent les trois « vérifications » de *RG*. Comme on le sait, ce $T_{\alpha\beta}$ einsteinien est par ailleurs tout à fait inapplicable aux 3 autres interactions.

b) Un regard sur (2-24) nous fait immédiatement apercevoir la profonde différence entre *RC* et *RG* : la Relativité complexe déduit de son propre formalisme un $T_{\alpha\beta}$ proportionnel au *carré* de la densité relativiste de l'impulsion-énergie, et donc aussi le carré de la densité propre ρ (si ρ est différent de zéro). Cela veut d'abord dire que $T_{\alpha\beta}$ *n'est pas en Relativité complexe un tenseur impulsion-énergie.* L'analyse du § II qui précède a montré que *RC* est *d'abord* un formalisme purement *géométrique,* conduisant aux relations générales :

- pour le *mouvement géodésique* de tout point de l'espace :

$$u^{\alpha}\ \nabla_{\alpha}u_{\beta}=0 \tag{2-49}$$

- pour la *continuité de la courbure riemannienne scalaire R* :

$$\nabla_{\alpha}Ru^{\alpha}=0 \tag{2-50}$$

Certes, ces deux relations sont également obtenues par la Relativité générale, mais la présomption que $T_{\alpha\beta}$ devrait être un tenseur impulsion-énergie conduit, comme nous l'avons déjà souligné, à limiter le mouvement géodésique *à la gravitation* (dans l'approximation $T_{\alpha\beta}=0$), et n'assimile pas (2-50) à la continuité du *carré* ρ^2; (2-50) représente pour *RG* la simple continuité de la matière. Ce dernier résultat va, comme on va le voir au § 2 ci-dessous, créer des difficultés quand la Physique va rencontrer, avec Dirac (1930), les énergies « négatives ».

c) Étant donné qu'à la fois *RG* et *RC* acceptent (quoiqu'au moyen de principes différents) la conservation de l'impulsion-énergie, ces deux théories vont être toutes deux conduites à des équations relativistes identiques exprimant cette conservation de l'impulsion-énergie :

$$\frac{W^2}{c^2}-\sum_{j=1}^{3}P_j^2=M_0^2c^2=\Omega_0^2\rho^2c^2=(\mathbb{T}_1^1+\mathbb{T}_2^2+\mathbb{T}_3^3+\mathbb{T}_4^4)\hbar^2 \tag{2-51}$$

Mais il est essentiel de bien noter que, pour la Relativité *complexe,* l'écriture (2-51) exprime en fait *deux* relations différentes :

$$(2\text{-}52)\quad \begin{cases} (a) & \dfrac{W^2}{c^2} - \displaystyle\sum_{j=1}^{3} P_j^2 = M_0^2 c^2 = \Omega_0^2 \rho^2 c^2 \\ (b) & \hbar^2 \displaystyle\sum_{\alpha=1}^{4} \mathbb{T}_\alpha^\alpha = \Omega_0^2 \rho^2 c^2 = (R - 4\Lambda)\hbar^2 \end{cases}$$

(2-52-*a*) a une interprétation purement *physique,* ne traitant que de quantités qui doivent toutes être *réelles,* qui sont la masse propre M_0, l'énergie W et l'impulsion P. Les carrés de ces trois quantités ne sont donc pas autorisés, dans la relation (2-52-*a*), à être, ou devenir, *négatifs.* C'est pourquoi la Relativité complexe a été conduite à des *définitions* de l'impulsion-énergie, définitions qui ont pour principal objectif de sauvegarder cette condition de réalité des quantités considérées.

(2-52-*b*) traite, au contraire, de quantités *purement géométriques,* les éléments de courbure géométrique $\mathbb{T}_\alpha^\alpha$, qui bien sûr doivent également demeurer réels, mais dont nous n'avons pas à exiger que leurs racines carrées soit encore des quantités réelles. $\mathbb{T}_\alpha^\alpha$, peut donc être positif, négatif ou nul (théorème de Schur).

Nous devons donc conclure ici que le formalisme *géométrique* de la Relativité complexe est *plus général* qu'un formalisme purement physique, ou qui postule une complète « équivalence » entre le géométrique et le physique (comme le fait la Relativité générale). La distinction entre géométrique et physique permet en fait, comme nous venons de le constater, une représentation *plus complète* de notre Univers.

Nous reviendrons sur cet important aspect dans les § 3 et 4 ci-dessous.

2. Les énergies négatives.

Jusqu'aux années 1930 la Relativité restreinte, aussi bien que la Relativité générale, contenaient dans leur formalisme une caractéristique qui, à prime abord, apparaissait comme un aspect « étrange » de ce formalisme, un peu comme si celui-ci représentait « plus » que les faits expérimentaux : les énergies *négatives* y paraissaient correspondre à des phénomènes physiques capables d'exister. En vérité, la relation (2-51), valable en Relativité complexe comme en Relativité d'Einstein, n'est pas modifiée, et donc reste théoriquement applicable, quel que soit le signe de l'énergie W. La découverte de l'antimatière (Dirac, Anderson, 1933) a d'abord semblé tourner cette « étrangeté » de la Relativité à son avantage, puisque cette antimatière a été d'abord interprétée comme une énergie W *négative.* On note d'ailleurs que cette énergie W négative n'impose pas de dire ipso facto que la densité ρ de la matière (ou la masse propre $M_0 = \Omega_0\rho$) est elle-même négative.

Mais, d'un autre côté, la relation (2-45), qui s'écrit en Relativité générale pour un espace de densité ρ :

(2-53) *RG* $\nabla_\alpha \rho u^\alpha = 0$

exprime la continuité de la matière, et paraît autoriser de faire naître du « néant » ($W = 0$) une densité positive ρ_+ et une densité négative ρ_-; ou, inversement, ρ_+ et ρ_- paraissent, d'après (2-53) encore, pouvoir se rencontrer et « disparaître » ainsi dans le néant ($W = 0$). Ceci, comme on le sait, n'est pas confirmé par l'expérience : la matière ($W > 0$) et l'antimatière ($W < 0$) interagissent en produisant une énergie (généralement sous forme de photons) égale à la somme des *valeurs absolues* des énergies W_+ et W_- en cause; et une particule et son antiparticule ne peuvent « sortir du néant », mais nécessitent pour se matérialiser une énergie au moins égale à la somme des valeurs absolues de W_+ et W_-.

La Relativité générale a fait face à cette situation en arguant que, en dépit du fait que les énergies W peuvent être, d'après (2-51), positives et négatives, cette particularité est une simple indication de l'existence de *deux* sortes de matière, la matière (W_+) et son antimatière (W_-); mais la masse propre (comme la densité ρ) *demeure pour sa part toujours positive* (veut prétendre la *RG*) et l'équation de continuité (2-53) n'autorise donc pas la création de particules et leurs antiparticules à partir du néant (ni l'inverse). En pratique, cette conclusion rend cependant vide de signification « énergétique » les notions de W_+ et W_-, il n'y a finalement plus, en Relativité générale, qu'une seule sorte d'énergie W, et celle-ci est *positive.*

La Relativité complexe, pour laquelle (2-51) est aussi applicable, a également rencontré le problème des énergies positives W_+ et négatives W_-; de même que celui des masses propres M_0 (ou les densités propres ρ) positives et négatives. Mais, pour *RC*, la relation (2-53) de continuité de la courbure riemannienne scalaire R se lit :

(2-54) $\nabla_\alpha R u^\alpha = \nabla_\alpha \rho^2 u^\alpha = 0$

qui est équivalente à une relation de continuité *du carré* ρ^2 de la densité ρ (ou du carré de la masse propre $M_0 = \Omega_0\rho$). L'« addition » de ρ_+^2 et ρ_-^2 est ici toujours *positive*, et ne conduit pas aux « paradoxes » de voir sortir l'énergie du néant, ou vice versa, que rencontrait la Relativité générale avec son tenseur matériel $T_{\alpha\beta}$ proportionnel à ρ. Pour cette raison, la Relativité complexe ne s'est pas vue contrainte de rejeter les notions de W_+ et W_-, ni celles de ρ_+ et ρ_-. L'énergie comme la masse propre en un point P, dans le Réel comme dans l'Imaginaire, sont donc ici autorisées à être *positives, négatives ou nulles,* en laissant à ces concepts leur pleine signification mathématique.

Deux notions nouvelles vont être la conséquence de cet « élargissement » fait par *RC* aux énergies (et densités propres) négatives, que *RG* ne pouvait se permettre :
— la notion *d'antiphoton;*
— la notion « de particule complexe *moins lourde que la somme* des masses de ses constituants ».

2.1. L'ANTIPHOTON.

Nous avons vu que *RC* admet pour le photon (et d'ailleurs aussi pour le neutrino) une masse propre *rigoureusement nulle.* Pour ces particules la relation de continuité (2-54) n'est donc plus directement applicable, puisque le produit ρu_α est *indéterminé :* $\rho = 0$, $u^\alpha =$ infini. Nous avons déjà rencontré ce problème d'indétermination en II. 5-2 ci-dessus. Nous avons vu alors que, pour le photon, la composante géométrique $\mathbb{T}^\alpha_\alpha$ était indéterminée, mais cette indétermination était précisément levée à partir de l'énergie effective du photon, ou plus précisément *le carré* (voir (2-37-*a*)) de cette énergie. Ce qui signifie encore que, pour le photon également, nous avons *deux signes* W_+ et W_- autorisés. C'est le résultat que va adopter la Relativité complexe, introduisant ainsi la notion *d'antiphoton* d'énergie $-h\nu$, à côté de celle du photon, d'énergie $+h\nu$. Comme nous le verrons, cette notion d'antiphoton sera très utile, en Relativité complexe, pour effectuer la distinction entre les *charges électriques* positives et négatives (chapitre III).

Nous proposons de symboliser par $\bar{\gamma}$ l'antiphoton.

2.2. LA MASSE PROPRE DES PARTICULES COMPLEXES.

En Relativité complexe la notion d'un volume *V* d'espace d'énergie propre totale nulle est concevable comme celle d'un volume *V*, non pas « vide », mais empli de particules d'énergies propres de signes contraires, la somme *algébrique* totale de ces énergies étant nulle. Semblablement, une particule « complexe » (c'est-à-dire constituée de l'assemblage de plusieurs autres particules plus simples), peut posséder de cette manière, si les particules constituantes ont des masses propres de signes opposés, une masse « complexe » globale *plus petite* que la somme des masses propres *en valeur absolue* de ses constituants. Ce résultat, logique en Relativité complexe, est naturellement un « paradoxe » apparent pour la Relativité générale, ou la Théorie quantique « orthodoxes », qui ont été contraintes de refuser la notion d'énergie négative.

Comment va-t-on mettre en évidence cet apparent « paradoxe »? Si nous pouvons agir *séparément* sur les constituants individuels de la particule complexe, nous pourrons sans doute constater que ces actions requièrent parfois *plus d'énergie* que l'énergie propre correspondante à la masse propre de la particule complexe.

C'est ce qui se produit avec certains hadrons, constitués de quarks parfois groupés en « quarkonium », ou systèmes particulaires sous-jacents formés d'un quark et son antiquark. De telles « paires » constituantes ont, pour la *RC*, une masse propre globale *nulle*, puisque quark et antiquark ont des énergies égales et de signes contraires dans le système « quarkonium ». Mais si nous voulons agir *individuellement* sur l'un des constituants de la paire quarkonium, ou encore agir individuellement et simultanément sur les deux éléments de la paire quark/antiquark, pour amener chacun de ces éléments du niveau d'énergie qu'ils occupent dans le hadron à un niveau d'énergie plus petit, par exemple, nous pourrons éventuellement constater que ce « changement de niveau d'énergie » requiert, pour être effectué par une source d'énergie extérieure au hadron, *beaucoup plus* d'énergie que celle correspondant à la masse propre *totale* du hadron concerné. Paradoxe? Non, si les notions d'énergies positive *et négative* ont droit de cité en Physique, comme le propose la Relativité complexe.

Doit-on rappeler que de tels « paradoxes » énergétiques ne sont pas totalement étrangers aux expériences récentes faites dans les plus grands accélérateurs (au C. E. R. N. par exemple)?

3. Le tenseur géométrique $T_{\alpha\beta}$ pour un univers dans son ensemble.

La Relativité complexe va avoir à se préoccuper, dans les chapitres qui vont suivre, de deux « modèles » importants d'univers *dans son ensemble :*

- à chaque point P du Réel est asocié, *dans l'Imaginaire,* un micro-univers fermé en pulsation (Éon, chapitre III);
- *le Réel lui-même* est un Univers fermé en pulsation (Univers cosmologique, chapitre V).

Ces deux types d'univers sont homogènes et isotropes (principe cosmologique) et emplis :

— d'une densité propre de matière ρ dont l'énergie-impulsion (W, P) satisfait :

$$\frac{W_p^2}{c^2} - \sum_{j=1}^{3} P_{\rho j}^2 = \Omega_0^2 c^2 \rho^2 \tag{2-55}$$

- d'une densité d'énergie électromagnétique D_E (corps noir à température absolue θ) satisfaisant :

$$\begin{cases} \dfrac{W_E^2}{c^2} = 3P_{Ej}^2 = P_E^2 & \text{(2-56)} \\ W_E^2 = \Omega_0^2 D_E^2 & \text{(2-57)} \\ D_E = a\theta^4 & \text{(2-58)} \end{cases}$$

où a est la constante de Stephan ($a = 7{,}62 . 10^{-15}$ cgs)

Nous recherchons pour ce type de modèle d'univers la forme du tenseur géométrique $T_{\alpha\beta}$:

a) Nous savons qu'un tel tenseur doit d'abord satisfaire les relations de conservation :

(2-3-1) $$\nabla_\alpha T^\alpha_\beta \equiv 0$$

b) D'autre part, étant donné que $\mathbb{T}^\alpha_\alpha$ représente une courbure riemannienne scalaire d'espace-temps, nous admettrons que les contributions a cette courbure de ρ et D_E s'ajoutent *algébriquement* pour représenter le $\mathbb{T}^\alpha_\alpha$ global de l'espace :

(2-59) $$\mathbb{T}^\alpha_\alpha = \underset{\rho}{\mathbb{T}^\alpha_\alpha} + \underset{D_E}{\mathbb{T}^\alpha_\alpha} \qquad (\alpha = 1 \text{ à } 4)$$

Dans cette recherche de la forme du tenseur géométrique $\mathbb{T}^\alpha_\alpha$ pour un univers dans son ensemble nous allons utiliser le théorème suivant, dit *théorème de Jonckbloedt* (Jonckbloedt est un physicien belge qui a beaucoup travaillé avec moi sur la Relativité complexe, et notamment sur le modèle cosmologique) :

Théorème de Jonckbloedt

Les relations géométriques de conservation :

(2-60) $$\nabla_\alpha T^\alpha_\beta \equiv 0 \qquad (\alpha, \beta = 1 \text{ à } 4)$$

sont satisfaites pour un univers dans son ensemble pour les expressions suivantes du tenseur géométrique $\mathbb{T}^\alpha_\alpha$:

(2-61) $$\begin{cases} \mathbb{T}^4_4 = (\xi^2\rho^2 + P^2_\rho/\hbar^2) \pm \xi^2 D^2_E/c^4 \\ \mathbb{T}^j_j - \dfrac{1}{3} P^2_\rho/\hbar^2 \mp \dfrac{1}{3}\xi^2 D^2_E/c^4 \end{cases} \qquad (j = 1, 2, 3)$$

avec :

(2-61-*a*) $$\rho = \frac{\alpha}{R(t)^n} \qquad \frac{D_E}{c^2} = \frac{\beta}{R(t)^m}$$

où α et β sont des constantes réelles, m et n des paramètres numériques réels et $R(t)$ le rayon de l'espace dans son ensemble à l'âge t de l'univers.

La métrique pour un espace homogène et isotrope est :

(2-62) $$ds^2 = c^2dt^2 - R^2(t)\left[(dy^1)^2 + (dy^2)^2 + (dy^3)^2\right]\left(1 - \frac{Kr^2}{4}\right)^{-2}$$

avec : $$r^2 = (y^1)^2 + (y^2)^2 + (y^3)^2.$$

Utilisant (2-61) et (2-61-*a*), la métrique (2-62) peut se calculer et devient :

(2-63) $$\begin{cases} T_{jj} = g_{jj}T^j_j = -\dfrac{16R^2}{(4+Kr^2)^2} \times \dfrac{1}{3}\left(\mp\dfrac{\xi^2\beta^2}{R^{2m}} - \dfrac{P^2_\rho}{\hbar^2}\right) \\ T_{44} = g_{44}T^4_4 = \xi^2\left(\dfrac{\alpha^2}{R^{2n}} \pm \dfrac{\beta^2}{R^{2m}}\right) + \dfrac{P^2_\rho}{\hbar^2}. \end{cases}$$

La divergence de $T_{\alpha\beta}$ est donnée par :

(2-64) $$\nabla_\alpha T^\alpha_\beta = \frac{1}{\sqrt{-g}} \frac{1}{\partial y^\alpha} (T^\alpha_\beta \sqrt{-g}) + \frac{1}{2} T_{\mu\nu} \frac{\partial g^{\mu\nu}}{\partial y^\beta}$$

où :
$$g_{\alpha\beta} = 1/g^{\alpha\beta}$$
et où g est le déterminant des $g_{\alpha\beta}$:

(2-65) $$\sqrt{-g} = \frac{64R^3}{(4+Kr^2)^3}$$

Après calcul on obtient :

(2-66) $$\nabla_j \mathbb{T}^j_j = 0 \quad (j=1, 2, 3)$$
$$\nabla_4 \mathbb{T}^4_4 = 0$$

quels que soient les valeurs de α, β, m et n. Nous avons donc aussi :

(2-67) $$\nabla_\alpha T^\alpha_\beta \equiv 0$$

C.Q.F.D.

Pratiquement nous choisirons :

a)

(2-68) $$\rho = \frac{\alpha}{R^3}$$

qui représente la conservation dans le temps de la masse totale $2\pi^2 R^3 \rho$ de «l'espace» pour l'univers dans son ensemble.

b)

(2-69) $$\frac{D_E}{c^2} = \frac{\beta}{R^4}$$

qui représente la conservation dans le temps de la masse totale $2\pi^2 R^3 \rho$ de «l'espace» pour l'univers dans son ensemble.

D'après quels critères allons-nous décider entre les signes + et − pour la valeur de la courbure scalaire $\mathbb{T}^\alpha_\alpha$ qui est associée à un rayonnement noir pour un univers dans son ensemble, puisque d'après le théorème de Jonckbloedt qui précède les *deux signes* + et − satisfont aussi bien les relations de conservation (2-60)? Nous devons adopter dans ce cas le signe de courbure $\mathbb{T}^\alpha_\alpha$ qui conduit pour la solution des équations du modèle à une ABSENCE DE SINGULARITÉ, quel que soit l'âge t de l'Univers, et plus spécialement encore (pour un univers en pulsation) au moment du maximum de contraction. Les chapitres III et V montreront qu'une telle absence de singularité est obtenue pour (et seulement pour) une valeur NÉGATIVE de $\mathbb{T}^4_4$ pour le rayonnement de corps noir (et par conséquent une valeur positive pour les $\mathbb{T}^j_j$ se rapportant à ce même rayonnement). Ce résultat, notons-le, est inverse de celui accepté pour le calcul des modèles cosmologiques issus des équations de la Relativité *générale,* où le $\mathbb{T}^4_4$ pour le rayonnement noir est choisi *positif*... avec pour conséquence de déboucher sur des modèles d'univers *inacceptables* au moment de la contraction maximum (« origine » de l'Univers), puisqu'à cet instant nous sommes en présence d'une *singularité* du modèle (rayon spatial nul, température et densité toutes deux infinies).

IV. QUANTIFICATION DE LA RELATIVITÉ COMPLEXE

1. L'axiome de quantification et l'équation en *U*.

Nous introduisons maintenant en Relativité complexe la quantification elle-même.

Comme nous l'avons expliqué ci-dessus, en chaque point P du Réel nous avons maintenant, étendu dans l'Imaginaire, un micro-univers en pulsation M, dont la structure sera fournie en détail dans le prochain chapitre. La quantification en chaque point P du Réel repose sur l'axiome suivant :

> *Axiome de quantification de l'espace-temps.*
> L'action en chaque point P du Réel est quantifiée à la valeur $\pm nh$, où n est un entier non nul et h la constante de Planck; cette action se partage entre un spin $\pm n\hbar/2$ et un pulse $\pm n\hbar/2$ ($h = 2\pi\hbar$). Si n est pair P est un boson; si n est impair P est un fermion.

Il est clair que l'action $\pm nh$ au point P ne peut pas être « contenue » et représentée au point P lui-même, puisqu'un point est, par définition, de volume *nul.* L'action au point P est contenue et représentée dans le micro-univers Imaginaire associé à P, P est la « trace » ponctuelle de M dans l'espace Réel, P est l'interface ponctuelle entre l'Imaginaire et le Réel au point P. Soit V_4 l'hypervolume quadrimensionnel du micro-univers Imaginaire M au point P, étendu dans le temps Imaginaire $\tilde{t}$ sur une période de pulsation T de M. On définit au point P du Réel une *densité d'action U :*

$$U_P = \left(\frac{\pm nh}{V_4}\right)_P \tag{2-70}$$

où U est donné par (2-6). U obéit pour son évolution *en P* dans le temps *t du Réel* à l'équation (2-13) :

$$\Box U^2 + (R - 4\Lambda)U = \Box^2 U + \frac{M_0^2 c^2}{\hbar^2} U = 0 \tag{2-71}$$

où $\rho c^2 = M_0 c^2/\Omega_0$ est la densité propre de l'énergie au point P, et :

(2-72) $$R = \xi^2 \rho^2 + 4\Lambda = \frac{\Omega_0^2 c^2}{\hbar^2} \rho^2 + 4\Lambda$$

la courbure riemannienne scalaire au point P, c'est-à-dire la « Forme » du Réel en ce point P (rappelons que toute l'énergie est contenue et représentée dans l'Imaginaire, le Réel est entièrement constitué de Formes, c'est-à-dire de courbures géométriques de l'espace-temps Réel).

A chaque instant t du temps du Réel nous avons, au point P, la localisation d'un *spectre continu* d'énergie généré par le micro-univers Imaginaire M sur une période T de pulsation de M. Nous écrirons que $M_0 c^2$, où M_0 est dit la masse propre au point P, est la *valeur moyenne* $\overline{W}(\tilde{t})$ sur une période T de l'énergie propre $W(\tilde{t})$ du micro-univers M au point P :

(2-73) $$M_0 c^2 = \frac{1}{T} \int_0^T W(\tilde{t})\, d\tilde{t} = \overline{W}(\tilde{t})$$

où $\tilde{t}$ désigne le temps dans le micro-univers Imaginaire en P (différent du temps t dans l'espace du Réel).

2. Existence d'un « oscillateur » Σ en chaque point P.

Nous allons maintenant utiliser l'équation (2-71) au point P pour démontrer comment le micro-univers *Imaginaire M* pulsant au point P génère dans l'espace Réel une onde *de phase* sphérique (dite onde psi) se propageant dans le Réel avec une vitesse de phase infinie dans le référentiel où P est au repos (référentiel propre). La source de cette onde psi est la pulsation en énergie dans le temps imaginaire $\tilde{t}$ du micro-univers Imaginaire associé à chaque point P du Réel. Cette pulsation en énergie va être décrite comme un « oscillateur » Σ, dont nous nous proposons de fournir la structure mathématique.

Écrivons à nouveau l'équation (2-71) satisfaite par U, dans l'espace normal tangent η_P au point P du Réel :

(2-74) $$\Box^2 U + \xi^2 \rho^2 U = \Box^2 U + \frac{M_0^2 c^2}{\hbar^2} U = 0$$

Cette équation (2-74) représente l'équation « de fusion » ⟨4⟩ d'un spin $nh/2$ et d'un pulse $nh/2$ en P ($n = 1, 2, \ldots$). U satisfait bien en effet, dans une telle « fusion », une équation de Klein-Gordon de la forme (2-74). Nous sommes en présence d'un problème bien connu (Dirac, de Broglie...), et nous allons donc nous contenter de rappeler ici les phases principales de calcul pour obtenir la solution de l'équation (2-74).

U doit être considéré non seulement comme un invariant dans une transformation de Lorentz mais encore comme un *spineur* U_a (comportant p composantes complexes ($a = 1$ à p). Le nombre p de composantes est :

$$p = (4 \times 4)^n = 16^n \tag{2-75}$$

où n est l'entier entrant dans l'action totale $\pm nh$ au point P.

La définition de U_a est la suivante :

a) Chacune des p composantes U_a du spineur U est solution de l'équation (2-74) :

$$\Box^2 U_a + \xi^2 \rho^2 U_a = 0 \tag{2-76}$$

b) U, solution de (2-74), doit aussi saisfaire :

$$U^2 = \sum_{a=1}^{p} U_a U_a^* \tag{2-77}$$

ou U_a^* est le conjugué de U_a.

U est par conséquent une quantité toujours *réelle,* positive ou nulle.

La génération de l'onde psi au point P correspond, par définition, au spineur U dans *son état fondamental d'action h* au point P, c'est-à-dire pour $n = 1$.

Dans un tel état fondamental d'action h, U possède, d'après (2-75) où l'on fait $n = 1$, $4 \times 4 = 16$ composantes.

La recherche de ces 16 composantes U_a a lieu comme suit ⟨4⟩ :

On considère 4 matrices m_r ($r = 1$ à 4) à 16 lignes et 16 colonnes satisfaisant les relations :

$$m_r m_s + m_s m_r = 2\delta_{rs} \boxed{1} \tag{2-78}$$

où δ_{rs} est le symbole de Kronecker et $\boxed{1}$ la matrice unité.

On adopte la convention d'écriture suivante :

$$m_r U_a = \sum_{b=1}^{16} (m_r)_{a,b} U_b \qquad (a = 1 \text{ à } 16) \tag{2-79}$$

Chacun des $16 U_a$ doit satisfaire l'équation :

$$\left[\frac{1}{c}\frac{\partial}{\partial t} - \left(\frac{\partial}{\partial x} m_1 + \frac{\partial}{\partial y} m_2 + \frac{\partial}{\partial z} m_3 + i\xi m_4\right)\right] U_a = 0 \tag{2-80}$$

En multipliant l'opérateur de U_a dans (2-80) par le même opérateur dans lequel, cependant, un signe + remplace le signe − dans la parenthèse intérieure, et en tenant compte de la relation (2-78), on vérifie que chaque U_a est solution de (2-76), comme l'exigeait la définition de U_a donnée ci-dessus.

Nous recherchons maintenant des équations *équivalentes à* (2-80), mais où des expressions *tensorielles* remplaceraient les expressions spinorielles pour les composantes U_a. Cette équivalence entre composantes tensorielles et spinorielles est *toujours* possible, comme on le sait ⟨4⟩, pour une action *entière* au point P, comme c'est ici le cas (n entier, par définition, et ici d'ailleurs égal à 1).

Ces équivalents tensoriels des composantes spinorielles U_a sont, à l'analyse, un quadrivecteur (A, V) et un tenseur antisymétrique (E, H) de rang 2, ce dernier comprenant donc seulement 6 composantes distinctes. Finalement, les équations tensorielles équivalentes aux équations spinorielles (2-80) sont :

$$(2\text{-}81)\quad a)\ \begin{cases} \nabla\times E+\dfrac{1}{c}\dfrac{\partial H}{\partial \tilde{t}}=0 \\ \nabla . E=-\xi^2\rho^2 V \\ \nabla\times H-\dfrac{1}{c}\dfrac{\partial E}{\partial \tilde{t}}=-\xi^2\rho^2 A \\ \nabla . H=0 \\ \nabla\times A=H \\ \nabla . A+\dfrac{1}{c}\dfrac{\partial V}{\partial \tilde{t}}=0 \\ \nabla V+\dfrac{1}{c}\dfrac{\partial A}{\partial \tilde{t}}=-E \end{cases} \qquad \begin{cases} \nabla_{.}=\mathrm{div} \\ \nabla_{\times}=\mathrm{rot} \\ \nabla=\mathrm{grad} \end{cases}$$

$$b)\ R_{\alpha\beta}-\frac{1}{2}Rg_{\alpha\beta}+\Lambda g_{\alpha\beta}=-\xi^2\rho^2 u_\alpha u_\beta$$

(2-81-a) est rigoureusement valide au point P de densité ρ de l'espace Réel, et en ce point *seulement* (Réel riemannien). (2-81-b), qui est l'équation fondamentale (2-25) de la Relativité complexe, fournit par sa solution la variation de ρ autour de P, pour des conditions initiales connues dans l'espace Réel autour de P. C'est le temps *t du Réel* qui entre donc dans (2-81-b).

Nous désignerons par $\Sigma(E, H, A, V)$ la structure de l'espace *Imaginaire* au point P, telle qu'elle est représentée par la solution du système (2-81-a) ci-dessus. C'est dont le temps *$\tilde{t}$ de l'Imaginaire* qui entre dans (2-81-a).

Il nous faut insister sur le fait que (2-81-a) fournit la structure de l'espace *Imaginaire au point P* d'action $\pm h$. (2-81-a) *ne représente pas la propagation* d'une onde véritable dans l'espace *Réel*, puisque c'est le temps *Imaginaire* $\tilde{t}$ qui entre dans (2-81-a). Par contre, étant donné que le micro-univers Imaginaire en P est (par construction) homogène et isotrope, Σ possède à chaque instant *$\tilde{t}$ les mêmes valeurs de ses composantes* dans tout le volume du micro-univers en P. On peut dire que Σ donné par (2-81-a) représente un « état d'oscillation » au point P, cette oscillation étant décrite en termes des quantités E, H, A, V, ρ et leurs conditions initiales. Ces composantes entrant dans Σ évoluent donc en fonction du temps Imaginaire $\tilde{t}$ (et non pas du temps Réel t). Nous allons voir que cet oscillateur Σ dans le temps imaginaire $\tilde{t}$ au point P génère lui-même une onde se propageant dans l'espace Réel, *en fonction du temps réel t* : mais cette onde (que nous nommerons onde psi) est une onde *de phase,* qui ne transporte *aucune impulsion-énergie* (et qui possède d'ailleurs une vitesse de propagation jamais *inférieure* à c).

Si $\rho = 0$ en ce point P dans son état fondamental ($n = 1$, spin $\hbar/2$ et pulse $\hbar/2$), la structure de l'espace-temps en P représentée par Σ est un *neutrino.* Le neutrino est donc une particule de masse propre.

$$M_0 = \rho\Omega_0 = 0,$$

de géométrie ponctuelle dans le Réel, mais étendue sous forme d'un micro-univers pulsant dans l'Imaginaire. Inversement, nous pouvons dire que c'est un neutrino (représenté par (2-81) pour $\rho = 0$) qui s'identifie avec Σ, et qui va donc être « la source » de l'onde psi générée en P et se propageant *dans le Réel.*

Nous verrons au § 4 ci-dessous que le *photon* est représenté, en Relativité complexe, par l'association de *deux* neutrinos en rotation l'un autour de l'autre à la fréquence photonique (cf. Louis de Broglie, ⟨4⟩). Le photon possède donc, comme les éléments de la paire neutrinienne dont il est formé, une masse *propre* nulle. Le neutrino et le photon satisfont par conséquent, d'après (2-51), l'équation :

$$\frac{W^2}{c^2} - \sum_{j=1}^{3} P_j^2 = M_0^2 c^2 = 0 \tag{2-51-c}$$

ce qui veut encore dire que, si W n'est pas nul, le neutrino et le photon sont *nécessairement affectés d'une vitesse égale à c,* et ceci *quel que soit le référentiel* dans lequel est mesurée cette vitesse.

3. Le probabilisme et l'onde de phase probabiliste psi de l'espace Réel.

Nous allons maintenant voir comment cet « oscillateur » Σ représenté par le système (2-81) en chaque point P de l'espace Réel génère à son tour *une onde psi* dans cet espace Réel. Nous entendons bien ici une onde étendue dans le Réel, et non seulement un oscillateur Σ au point P. Mais psi est une onde *de phase,* se propageant dans le Réel avec une vitesse de phase qui n'est jamais *inférieure* à la vitesse de la lumière c. Par conséquent, psi n'est pas *directement* porteuse d'impulsion-énergie. Rappelons-nous d'ailleurs que, en Relativité complexe, *toute* l'impulsion-énergie de l'Univers (Réel + Imaginaire) est contenue et représentée dans l'Imaginaire *seul,* le Réel ne contient que des Formes (courbures riemanniennes). L'impulsion-énergie relative à l'onde psi est localisée et représentée dans l'oscillateur Σ, qui est *la source* de l'onde psi elle-même; Σ décrit la pulsation d'énergie *dans le temps Imaginaire* $\tilde{t}$ du micro-univers Imaginaire M associé au point P considéré du Réel. Nous verrons plus en détail, dans le chapitre III qui suit, comment, à l'analyse, cet oscillateur Σ traduit le mouvement quantifié de spin et de pulse d'un neutrino enfermé dans le micro-univers Imaginaire M associé au point P.

Nous voulons maintenant généraliser ces résultats et montrer comment le probabilisme en Physique est une conséquence directe de l'existence de l'oscillateur Σ dans l'Imaginaire, et de l'onde de phase psi que génère cet oscillateur dans l'espace du Réel.

En fait, ce que justifie ici la Relativité complexe est le bien-fondé des premières idées de la Mécanique ondulatoire, qui postulaient que toute particule P de masse propre M s'accompagne d'un phénomène *ondulatoire,* qui pouvait lui-même être décrit comme un «oscillateur élémentaire» de fréquence propre ν_0 (Louis de Broglie) confondu avec la particule P de masse propre M_0 :

(2-82) $$h\nu_0 = M_0 c^2$$

Nous avons constaté ci-dessus qu'un tel «oscillateur» doit bien effectivement participer à la représentation *complète* de la particule P, mais concerne un aspect de P s'étendant *dans l'espace Imaginaire en P,* espace Imaginaire dont la Mécanique ondulatoire n'était pas encore en mesure de tenir compte. Cet «oscillateur» (que nous avons nommé Σ) génère à son tour dans l'espace Réel une onde *de phase* ψ, dont on peut s'attendre à pouvoir obtenir l'équation de propagation à partir des équations (2-81) représentant l'oscillateur Σ, qui est la «source» de ψ. Nous nous proposons de montrer que l'onde ψ est l'onde probabiliste habituelle considérée par la Mécanique ondulatoire et d'établir la relation entre ψ et Σ.

Partons des équations (2-81) représentant l'oscillateur Σ au point P de densité propre ρ.

Plaçons-nous d'abord, dans l'espace Réel, dans un système de référence dans lequel *le point P est au repos* (par exemple dans le système *propre* de P, centré sur le point P lui-même). *Les phases* de l'oscillateur Σ se répartissent dans l'espace Réel comme les phases d'une onde sphérique à vitesse infinie et de longueur infinie, que nous appellerons onde psi. En fait, comme on le note, *rien* (aucune impulsion-énergie) ne se propage véritablement dans l'espace Réel : *l'onde psi est une manière d'introduire formellement dans chaque instant t du temps du Réel tous les instants $\tilde{t}$ d'une période T du temps Imaginaire du micro-univers Imaginaire M associé au point P.* Cependant, cette onde de phase psi va avoir, comme «conditions initiales», les Formes du Réel à chaque instant t du temps Réel : de telle sorte qu'on peut dire que l'onde psi associée au point P «recueille» à chaque instant t du Réel, au profit du point P, des informations sur *l'ensemble* des Formes du Réel à cet instant t (vitesse de phase infinie, longueur infinie). D'une autre manière, et d'une façon imagée, on peut dire que l'onde de phase psi et ses conditions initiales constituent un véritable «regard» de la particule P, qui «renseigne» celle-ci sur les Formes de *la totalité* de son monde «extérieur», à *chaque instant t* du Réel.

Plaçons-nous maintenant dans le système de référence d'un observateur O, pour lequel le point P de masse propre M_0 possède *une impulsion p*. Psi, qui est bien entendu inchangé dans le système propre de P lui-même, est maintenant, *pour l'observateur O,* une onde de phase plane, perpendiculaire à P, qui se propage dans la direction p avec une vitesse de phase $\tilde{v}$:

$$\tilde{v} = \frac{(M_0^2c^4 + p^2c^2)^{\frac{1}{2}}}{p} \tag{2-83}$$

et une fréquence ν observée (par O) qui se calcule comme :

$$\nu = \frac{cM_0\tilde{v}}{h(\tilde{v}^2/c^2 - 1)^{\frac{1}{2}}} \tag{2-84}$$

Si les conditions initiales du monde « extérieur » de P sont telles que P est « confiné » à l'intérieur d'un volume spatial ω (éventuellement infini), alors nous sommes *logiquement* conduits à affirmer que l'énergie $\Sigma^2/8\pi$ de l'oscillateur en P doit elle aussi demeurer confinée dans ce volume spatial ω; de telle sorte que, à chaque instant t du temps du Réel, et tant que ce confinement de P dans ω reste vrai, nous aurons la relation :

$$\int_\omega \frac{\Sigma^2}{8\pi}\, d\omega = \int_\omega \frac{E^2 + H^2 + A^2 + V^2}{8\pi}\, d\omega = (M_0^2c^4 + p^2c^2)^{\frac{1}{2}} \tag{2-85}$$

où les carrés sont les produits de quantités complexes conjuguées :

$$\Sigma\Sigma^* = \Sigma^2$$

L'idée fondamentale de la Mécanique ondulatoire a été de dire (et vérifier dans l'expérience) que le carré ψ^2 de l'amplitude de l'onde psi est proportionnel à la *probabilité de présence* dans le volume ω de l'oscillateur Σ (point P). Et d'écrire, plus précisément encore, la proportionnalité entre ψ^2 et $\Sigma^2/8\pi$. Si l'on tient alors compte de la normalisation usuelle de toute probabilité :

$$\int_\omega \psi^2 dw = 1 \tag{2-86}$$

on est très naturellement conduit à la relation suivante entre ψ^2 et Σ^2 :

$$\boxed{\psi^2 = \frac{\Sigma^2}{8\pi(M_0^2c^4 + p^2c^2)^{\frac{1}{2}}}.} \tag{2-87}$$

Une Mécanique ondulatoire *riemannienne* aurait à considérer la propagation de l'onde psi dans un espace-temps riemannien autour du point P, c'est-à-dire aurait à représenter l'oscillateur Σ en tenant compte *à la fois* de (2-81-*a*) et (2-81-*b*).

4. Les particules de masse propre nulle : le neutrino et le photon.

4.1. Le neutrino.

Les équations (2-81) constituent la représentation d'un point P d'action h, c'est-à-dire un *fermion* ayant un spin $\hbar/2$ et un pulse $\hbar/2$. Ces équations *contiennent,* comme c'est bien connu ⟨4⟩, les équations de Dirac habituelles, puisque les équations (2-81) sont elles-mêmes obtenues par « fusion » de deux états d'action demi-entière. Mais (2-81-a) constitue un système d'équations *plus complet* que celui de Dirac pour représenter les propriétés d'une particule de spin demi-entier, étant donné que ces équations (2-81) tiennent compte non seulement du spin, mais aussi *du pulse* de la particule. Nous venons de voir que ceci permet de représenter les FERMIONS comme des particules d'action *entière* (nh, n impair), et donc aussi d'accorder à ces particules une onde probabiliste psi, que l'expérience confirme bien.

Pour une masse propre $M_0 = 0$ (2-81) représente l'état d'oscillation Σ d'une *neutrino.*

4.2. Le photon.

(2-81), au contraire, *ne représente pas complètement* la structure de l'oscillateur Σ au point P pour le *photon.* La présente analyse montre que le photon est associé à un oscillateur élémentaire Σ_2 généré par *deux* neutrinos en rotation l'un autour de l'autre ⟨4⟩. Le photon doit donc être représenté par un oscillateur Σ_2 d'action $2h$ (spin $\hbar$ et pulse $\hbar$). Ceci conduit pour le photon à une structure Σ_2 satisfaisant $16^2 = 256$ équations (l'analyse ⟨7⟩ montre qu'il y a seulement 215 composantes tensorielles non nulles, seulement 168 équations indépendantes, pour cet état d'action $2h$). Cependant, tout état de fusion d'action total *nh pour n pair* contient, parmi ses équations, les équations décrivant l'état d'action $nh/2$. Ceci veut encore dire que les 256 équations représentant l'action $2h$ *contiennent* les équations (2-81-a) d'action h, qui pour $\rho = 0$ ne sont autres que les équations de Maxwell habituelles. Mais il nous faut insister sur le fait que la représentation *complète* de la structure du photon est faite des 256 équations de l'état d'action $2h$, qui tiennent compte non seulement du spin, mais encore *du pulse* du photon.

Puisque le photon est ainsi représenté par un état d'action totale $2h$, c'est-à-dire *nh* pour *n pair,* le photon est un BOSON (notre axiome de quantification, § 1 ci-dessus).

4.3. Les photons sigma.

Un boson d'intérêt particulier est la particule de masse $M_0 = 0$ et d'action totale :

$$2^n h$$

avec $n = 1, 2, 3\ldots$

Un tel boson est représenté par des équations Σ_{2^n} ayant 16^{2^n} composantes ⟨4⟩, avec la particularité importante ⟨4⟩ que les équations pour la structure Σ_{2^n} contiennent les équations pour la structure $\Sigma_{2^{n-1}}$: l'état d'action totale $2^n h$ contient les états $2h$, $4h$, $8h$, $16h...mh$, jusqu'à $m = 2^n$.

Nous appellerons un tel boson un *photon sigma,* étant donné que c'est une particule qui *cumule* dans son état final d'action $2^n h$ les données initiales (au total 16^{2^n}) qui concernent tous les états de photons sigma d'action plus petite que, ou égale à, $2^n h$. Les photons sigma sont les particules associées, dans les micro-univers de l'Imaginaire, au champ électromagnétique « de fusion », que nous avons précisément nommé champ sigma, et qui comme nous l'avons déjà noté joue un rôle fondamental dans les propriétés de « mémoire prévisionnelle et cumulatrice » des particules de matière.

L'étude mathématique détaillée des modèles particulaires proposés par la Relativité complexe sera faite dans les chapitres III et IV qui suivent.

CHAPITRE III

LES LEPTONS ET LES INTERACTIONS ÉLECTROFAIBLES

I. LA REPRÉSENTATION RIEMANNIENNE D'UN UNIVERS DANS SON ENSEMBLE

Au cours de ce travail nous allons avoir à considérer par deux fois la métrique d'un *univers dans son ensemble :*

— d'abord pour les micro-univers *de l'Imaginaire,* chaque univers Imaginaire *M* étant, comme nous l'avons vu dans les chapitres qui précèdent, associé à l'aspect ponctuel de toute particule de l'espace Réel, et même, plus généralement encore, à tout point *P* de l'espace Réel;

— ensuite pour représenter l'Univers cosmologique *du Réel,* qu'on désigne habituellement comme le modèle cosmologique.

Dans les deux cas nous aurons à utiliser *la même* métrique, celle d'un univers riemannien fermé, en pulsation, homogène et isotrope, contenant un rayonnement électromagnétique noir à température θ variant adiabatiquement et une densité de matière. Nous allons donc commencer le présent chapitre en examinant plus attentivement la métrique de représentation de ce type d'univers dans son ensemble. Nous traiterons ensuite successivement de l'univers Imaginaire (ce chapitre III) et du modèle cosmologique (chapitre V).

1. L'espace-temps de Minkowski.

Rappelons d'abord la représentation traditionnelle de Minkowski pour les phénomènes physiques possédant l'invariance relativiste dans l'espace-temps :

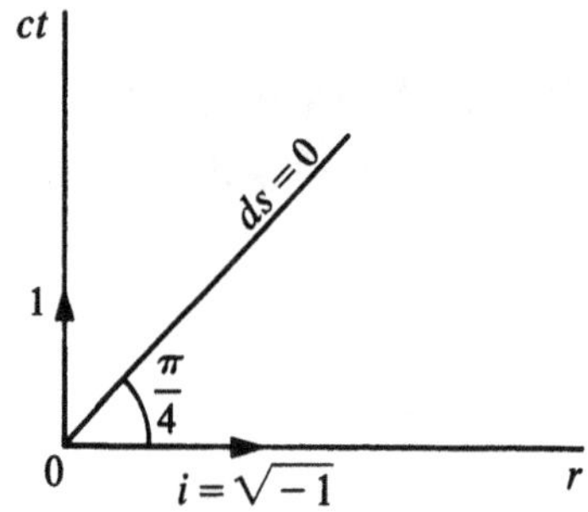

Nous sommes dans un espace-temps «plat» (pseudo-euclidien), l'axe du temps ct possède un vecteur de base égal à 1 et l'axe d'espace r possède un vecteur de base égal à $i=\sqrt{-1}$. On peut donc lire directement sur la représentation la valeur de l'invariant relativiste ds^2 :

$$c^2\,d\tau^2 = ds^2 = c^2\,dt^2 - dr^2 \qquad (3\text{-}1)$$

où τ est habituellement nommé «durée», ou encore «âge» (nous adopterons ici le terme «âge»).

2. Métrique pour un univers dans son ensemble.

On fait l'hypothèse de l'isotropie et homogénéité de l'espace (principe cosmologique) à chaque instant de l'âge τ de l'univers dans son ensemble.

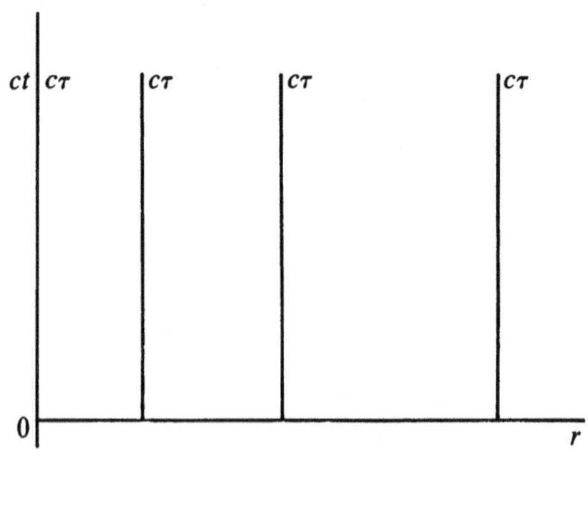

Cette hypothèse a les conséquences suivantes pour la représentation de l'espace-temps :

a) Tous les points de l'espace suivent les géodésiques de la métrique ds^2.

b) Le temps t coïncide avec l'âge τ. En d'autres termes, nous avons maintenant une représentation *absolue,* utilisant un axe absolu t du temps, qui est aussi l'axe de l'âge τ, et qui est supposé être unique en chaque point de l'espace. Une telle représentation a cependant l'inconvénient de ne pas pouvoir faire figurer *séparément* le temps t et l'âge τ, puisque ces deux quantités *coïncident* dans la représentation.

c) L'espace a ici une courbure uniforme K/R^2 à chaque instant de l'âge τ, mais R varie avec l'âge τ. $R(\tau)$ est appelé le *rayon spatial* de l'Univers dans son ensemble. K peut prendre la valeur +1 (espace fermé, sphérique ou elliptique), 0 (espace euclidien ouvert) ou −1 (espace hyperbolique, ouvert). La métrique pour un tel espace uniformément courbé s'écrit (théorème de Schur) :

$$(3\text{-}2) \qquad \begin{cases} du^2 = R^2(\tau)\,\dfrac{(dy^1)^2+(dy^2)^2+(dy^3)^2}{\left(1+\dfrac{Kr^2}{4}\right)^2} \\ r^2 = (y^1)^2+(y^2)^2+(y^3)^2 \end{cases}$$

d) Une distinction doit être faite entre « distance » l et « coordonnée » r, afin de précisément tenir compte de la courbure de l'espace. Pour un univers *fermé* ($K = +1$, le seul type d'univers que nous rencontrerons en Relativité complexe), on calcule, pour la distance l à l'origine O du centre du référentiel d'un point de coordonnée r :

$$(3\text{-}3) \qquad l = R(\tau)\int_0^r \left(1+\frac{Kr^2}{4}\right)^{-1} dr = 2R(\tau)\ \mathrm{arc\ tg}\left(\frac{1}{2}\,r\right)$$

et la métrique ds^2 s'écrit alors :

$$(3\text{-}4) \qquad ds^2 = c^2\,d\tau^2 = c^2\,dt^2 - dl^2 = c^2\,dt^2 - R^2(\tau)\,[(dy^1)^2+(dy^2)^2+(dy^3)^2]\left(1+\frac{Kr^2}{4}\right)^{-2}.$$

3. La représentation « Forme-âge » de la Relativité complexe.

La représentation qui précède d'un univers dans son ensemble est cependant quelque peu ambiguë, puisqu'on fait usage *du même* axe pour représenter aussi bien le temps t que l'âge τ :

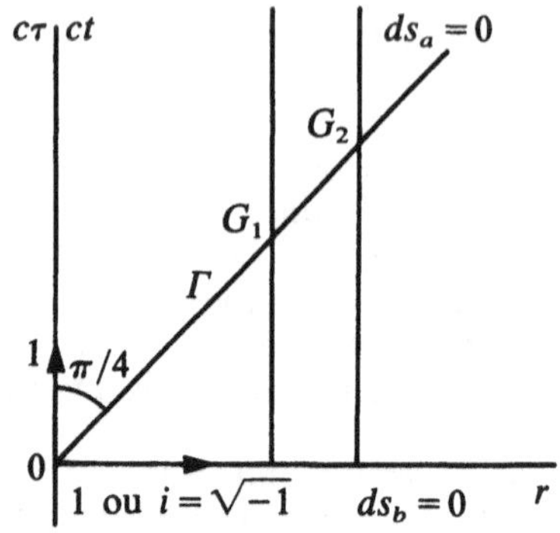

a) Supposons que la coordonnée verticale soit *le temps t* : alors on doit dire que l'observateur O, supposé être au centre du système de coordonnées, interagit à chaque instant t, au moyen du rayonnement électromagnétique, avec tous les points distants de r dans l'espace et de $ct = r$ dans le temps. Ces points sont situés dans un espace Γ, comme le montre la représentation ci-dessus (cône de lumière). L'espace Γ satisfait $ds = 0$ dans la métrique (3-4).

b) Écrivons maintenant que la même coordonnée verticale représente l'âge τ : dans ce cas les photons, qui se déplacent dans la représentation en satisfaisant $ds = c\, d\tau = 0$, ont pour « trajectoire » *l'axe des r*. L'observateur O, qui reçoit ces photons, voit donc à chaque instant tous les points de son environnement ayant *le même âge (universel) que lui-même* (l'âge de tous les objets, y compris celui de l'observateur O, étant mesuré au moyen de l'axe *absolu* $c\tau$).

Quelle est la réponse à un tel paradoxe? Que « voit » l'observateur O : l'espace Γ défini par $r = ct$ ou un espace (que nous nommerons η) défini à chaque instant τ de l'âge universel par $c\tau = \text{constante}$?

En fait, nous figurons ci-dessus *deux* représentations différentes :

a) La conclusion a) suppose que nous avons un observateur O qui (comme on le fait dans les représentations usuelles à covariance relativiste) *se choisit lui-même comme centre des coordonnées*

$$(t = 0,\ r = 0).$$

Et il est logique et parfaitement acceptable de procéder ainsi, puisque O est « l'observateur », celui qui interagit au moyen de l'impulsion-énergie (et plus spécialement l'impulsion-énergie des photons) avec le monde qui l'entoure. Rappelons que le vecteur de base sur l'axe des r est alors ici $i = \sqrt{-1}$.

b) La conclusion *b*) tient compte du fait que le choix du système de référence est ici très particulier : *O* pourrait tout aussi bien être un point quelconque de l'axe des *r* puisque (principe cosmologique) nous avons supposé l'isotropie et l'homogénéité des phénomènes dans l'espace *r* à chaque instant de l'âge τ. Mais, par ailleurs, *O n'est pas en droit* de décider qu'il représente continuellement l'âge τ, puisque le temps est ici *son propre âge,* tel que mesuré sur l'axe des âges $c\tau$ de l'univers dans son ensemble. Et *O* « vieillit », comme tout le monde, et ne peut donc figurer dans une représentation en demeurant sans cesse le « zéro » des âges. L'analyse (⟨11⟩ et ⟨1⟩) de ce changement de perspective de *O* pour considérer le monde qui l'entoure (il se prend ou nom comme le centre « temporel » de la représentation) montre que changer *t* en τ correspond en fait à un *changement de la valeur du vecteur de base* sur l'axe des *r*, qui est maintenant 1 au lieu de $i=\sqrt{-1}$, comme dans *a*) ci-dessus.

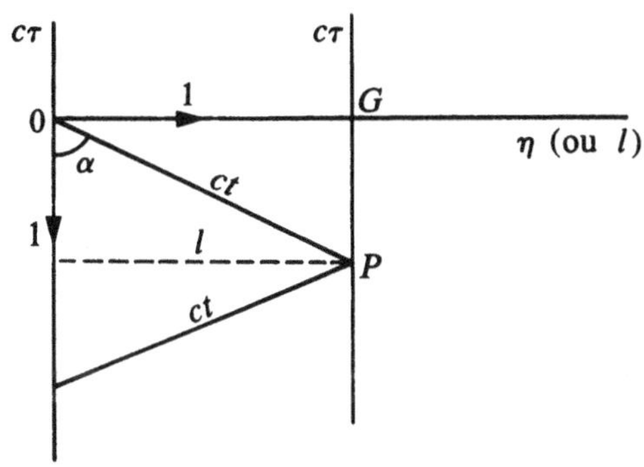

Au lieu d'être toujours « affiché » dans la représentation comme le zéro des temps, l'observateur *O* « glisse » maintenant continuellement à « vitesse » *c* sur l'axe des âges $c\tau$, ce qui traduit son vieillissement continuel, comme vieillissent également d'ailleurs *tous* les points de l'univers (en fait, et aussi dans cette représentation). Mais, dans cette nouvelle « perspective » que choisit *O* pour représenter son univers dans son ensemble, il devient logique et naturel de dire que le principe cosmologique s'applique à l'espace η défini à chaque instant τ par :

$$c\tau = \text{constante}$$

et non plus à l'espace *r* défini par :

$$ct = \text{constante.}$$

La métrique (3-4) prend maintenant la forme nouvelle suivante :

$$\text{(3-5)} \quad \overline{ds}^2 = c^2\,dt^2 = c^2\,d\tau^2 + dl^2 = c^2\,d\tau^2 + R^2(\tau) \left[(dy^1)^2 + (dy^2)^2 + (dy^3)^2\right]\left(1 + \frac{Kr^2}{4}\right)^{-2}$$

qui satisfait *les mêmes* relations que (3-4) entre *t* et *r*, mais l'espace *r* est ici un *nouvel* espace η, que nous appellerons *l'espace des Formes*

(η est l'espace où tous les points, toutes les « Formes », ont le même âge). La représentation *b*) est nommée la *représentation Forme-âge* (η, $c\tau$).

Il est indispensable de bien *différencier* cette dernière représentation de la représentation (r, ct) utilisée dans *a*) ci-dessus, et que nous nommerons la *représentation énergie-temps* (r, ct). (r, ct) laisse le choix du référentiel, (η, $c\tau$) choisit le référentiel cosmologique.

Quelques remarques importantes peuvent être faites concernant la représentation Forme-âge (η, $c\tau$).

3.1. VITESSE D'UN OBJET.

Désignons par α dans la représentation Forme-âge (η, $c\tau$) l'angle de la direction ct d'un objet P en mouvement avec l'axe des âges $c\tau$ (voir le schéma ci-dessus). On lit directement la vitesse v de P dans le système de référence de l'observateur O :

(3-6) $$\frac{v}{c} = \frac{1}{c}\frac{dl}{dt} = \sin\alpha$$

qui nous confirme que la vitesse des photons se déplaçant sur l'axe η ($\alpha = \pi/2$) est bien égale à c dans la représentation Forme-âge. Une galaxie G de coordonnée r est distante de l'observateur O de $t = r/c$ dans le passé *du temps* de l'observateur, mais G est pourtant « contemporaine » de (de même âge que) l'observateur O.

3.2. LE « PARADOXE » DE LANGEVIN.

Dans le référentiel Forme-âge (η, $c\tau$) le célèbre « paradoxe » de Langevin n'est plus un paradoxe ⟨1⟩ : quand le voyageur P revient (voir schéma ci-dessus), après un voyage *aller et retour* à vitesse v jusqu'à une galaxie lointaine G, il a « vieilli » de la même « quantité d'âge » que l'observateur O, qui est resté à l'attendre sur notre Terre. Ceci démontre que, dans son principe au moins, *la totalité* de l'espace cosmique est accessible à une particule entreprenant un voyage aller et retour vers une galaxie lointaine, aussi éloignée que soit cette galaxie. Un tel résultat est sans aucun doute d'intérêt en matière de communications lointaines, et nous y reviendrons au § 4 qui suit.

3.3. NOTRE MONDE PERCEPTIBLE EST TOUJOURS « CONTEMPORAIN ».

Notons que l'espace η, tel que nous le présente le référentiel Forme-âge, est aussi la région spatiale où se propage (avec une vitesse infinie) l'onde sphérique psi appartenant à *chaque particule* composant le corps de l'observateur O. On peut donc dire que tout observateur O a une « perception » d'un monde extérieur « contemporain », un monde qui a son propre âge « universel », aussi loin que peut atteindre sa perception. Cette perception est faite des « Formes » du monde extérieur, qui constituent à chaque instant, comme nous l'avons remarqué dans le chapitre II, les conditions initiales de l'onde psi de chaque particule de matière.

3.4. LA LOI DE HUBBLE « QUELLE QUE SOIT LA DISTANCE ».

Nous allons voir, au § 6 ci-dessous, que la représentation Forme-âge (η, $c\tau$) permet une formulation rigoureuse de la loi de Hubble dans un univers en expansion-contraction, et cela *quelle que soit la distance l* entre l'observateur et l'objet (galaxie) en mouvement.

4. Communications dans la représentation Forme-âge.

Comme on le sait, la Relativité indique que quand un objet (par exemple une particule P) se meut à vitesse v dans un référentiel donné, ceci va avoir une conséquence sur le « rythme » de vieillissement de l'objet P, tel que ce rythme est mesuré dans le référentiel : P « vieillit » moins vite que pour $v = 0$, cet effet étant d'autant plus important que la vitesse v de P est proche de la vitesse de la lumière c. Parallèlement, la distance PO entre P et son objectif O, telle que mesurée dans le référentiel, diminue quand augmente la vitesse v, et devient nulle pour $v = c$.

Cependant, comme ceci est également bien connu, ces « effets » de la vitesse ont parfois donné lieu à certaines controverses, car ils paraissent donner naissance à des conséquences d'allure paradoxale, comme le remarquait par exemple le physicien Paul Langevin dès 1925, « paradoxe » qui continue encore aujourd'hui à obliger les physiciens à s'interroger à son sujet : toute vitesse est *relative* au choix du référentiel où elle est mesurée, comment un changement du référentiel de mesure (qui change la vitesse v) peut-il avoir une influence sur le « rythme » *de vieillissement* d'un objet P? Le vieillissement n'est-il pas une donnée « absolue », indépendante du choix (arbitraire) de tout référentiel?

Nous voudrions, plus généralement, examiner comment se représentent dans un référentiel Forme-âge (η, $c\tau$), les communications à vitesse v (établies au moyen d'un « messager » P) entre deux points, un émetteur G et un récepteur O, dans l'espace cosmologique (Réel).

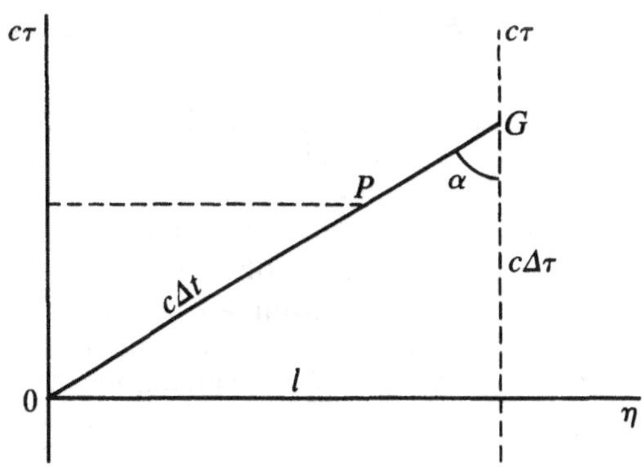

Précisément parce que $(\eta, c\tau)$ est un référentiel *absolu,* nous pouvons définir ici de façon très claire deux quantités *invariantes,* c'est-à-dire des quantités qui ne changent pas *quelle que soit la vitesse* v du messager P :

• l'âge τ, qui est l'âge « universel », et est *le même* pour tous les objets contenus dans l'espace des Formes η. L'âge τ « s'écoule » en chaque point de la représentation Forme-âge, et s'écoule au même rythme (à la même vitesse) c partout, comme le montre (par construction) l'axe des âges $c\tau$. Le messager P possède *à chaque instant le même âge universel* τ que l'observateur O, au repos au centre du référentiel Forme-âge, qui « observe » continuellement P;

• *la distance* l entre le messager P et l'observateur O, avec sa définition (3-3) :

(3-3-a) $$l = 2R(\tau) \operatorname{arc\,tg}\left(\frac{1}{2}\,\eta\right)$$

La distance $l = PO$ varie naturellement quand P se rapproche de O, mais cette distance PO est à chaque instant *la même pour* P *et* O*,* comme le montre la définition (3-3-a) ci-dessus de l, quelle que soit la vitesse v de P.

Curieusement, ces deux invariants, âge et distance, apparurent en Relativité à un moment où existaient tant d'idées a priori issues du passé concernant ces deux notions fondamentales que ni l'une ni l'autre de ces deux notions ne fut d'abord acceptée pour ce que la Relativité disait d'elles... c'est-à-dire qu'il s'agissait précisément d'« invariants » :

a) L'âge τ fut considéré comme équivalent au temps t : équivalent à un temps particulier, certes (le temps associé au principe cosmologique), mais néanmoins équivalent à un temps. Avec pour conséquence que l'âge τ, comme tout temps t, est alors (pour l'observateur O) associé à l'objet P en mouvement à vitesse relative v par la relation :

(3-7) $$\frac{\Delta t_P}{\Delta t_0} = \sqrt{1 - v^2/c^2} = \frac{\Delta \tau_P}{\Delta \tau_0}$$ (faux)

ce qui ne peut s'interpréter qu'en disant que l'âge τ est, comme le temps t, une quantité qui dépend de la vitesse v... et n'est donc pas un invariant.

b) Demandez à un astrophysicien de vous donner la distance à la Terre de la galaxie Andromède. Il vous dira d'abord que, « en gros », cette distance est de l'ordre de 2 millions d'années-lumières. Mais insistez, exigez une plus grande précision; après quelque hésitation l'astrophysicien répondra sans doute par une question : « Voulez-vous la distance *maintenant*, ou cette distance à l'instant où la lumière qui vous fait à l'instant présent apercevoir Andromède quittait cette galaxie? » Et notre astrophysicien se lance alors dans des explications où il vous précise que, à cause de l'expansion continuelle de l'espace, Andromède s'éloigne sans cesse de notre Terre. Je réponds que je serais satisfait de simplement connaître cette distance de la Terre à Andromède telle qu'elle est à l'instant précis que je vis *maintenant,* indépendamment de toute considération sur la vitesse de cette galaxie. L'embarras de notre astrophysicien atteint alors à son paroxysme : cette distance à l'instant présent, telle qu'on tente de la mesurer, dépend en fait de la luminosité *absolue* d'Andromède...et nous ne possédons aucun étalon astronomique nous permettant de déduire de manière précise la distance d'un astre à partir de ce que l'on observe de lui, c'est-à-dire sa luminosité *apparente.* Sauf votre respect, monsieur l'astrophysicien, permettez-moi d'insister encore : « N'avez-vous pas au moins un modèle de l'Univers dans son ensemble qui pourrait indirectement, en l'absence d'aucune mesure directe, vous dire comment varie la distance entre Andromède et notre propre galaxie en fonction de l'âge τ de l'Univers, quel que soit cet âge τ? » « Nous disposons bien en effet de modèles cosmologiques, reconnaîtra notre astrophysicien (légèrement énervé par mon insistance, qu'il n'hésiterait pas à qualifier d'un peu « simpliste »), mais la Relativité d'Einstein nous laisse le choix entre *plusieurs* modèles cosmologiques possibles, entre lesquels l'expérience est encore incapable de choisir; et d'ailleurs, même si nous disposions d'un modèle unique, notre loi de Hubble fournissant la relation entre distance et vitesse relative d'une galaxie n'est applicable que jusqu'à des distances pas trop grandes (relativement au rayon actuel de l'Univers), car au-delà nous rencontrons la difficulté de ne pas observer un Univers "contemporain" avec l'observateur, mais un univers composé d'astres situés à des distances *variables* dans notre passé. » En bref, nous ne connaissons rigoureusement ni les distances ni les âges des astres qui composent notre monde cosmique tel que nous l'observons, devrais-je donc (semble-t-il) conclure.

Et nous voici ainsi revenus à la « faute » cosmologique originelle : la confusion entre l'âge τ et le temps t, faute qui dissimule le caractère *invariant* des âges et des distances dans notre Univers cosmologique... et conserve notamment bien vivant le paradoxe de Langevin.

La Relativité complexe, en mettant en évidence cette confusion au moyen du référentiel Forme-âge (η, $c\tau$), valable pour l'Univers dans son ensemble, redonne à nouveau aux âges et distances cosmologiques leur statut d'invariance. Et ceci va nous permettre d'en dire un peu plus pour nous situer dans notre demeure à tous, l'Univers.

5. Communications électrofaibles : pas d'émetteur sans récepteur.

Les communications utilisant des photons comme « messagers », et plus généralement les *communications électrofaibles* (c'est-à-dire « transportées » par des particules de masse propre *nulle,* photons ou neutrinos), constituent un cas particulier intéressant, comme nous le verrons dans le présent chapitre III (voir § VI pour les détails). Dans les communications électrofaibles entre un récepteur O et un émetteur P sont échangés des photons *virtuels* entre la source des photons en P (particules chargées en P) et le récepteur O (particules chargées en O).

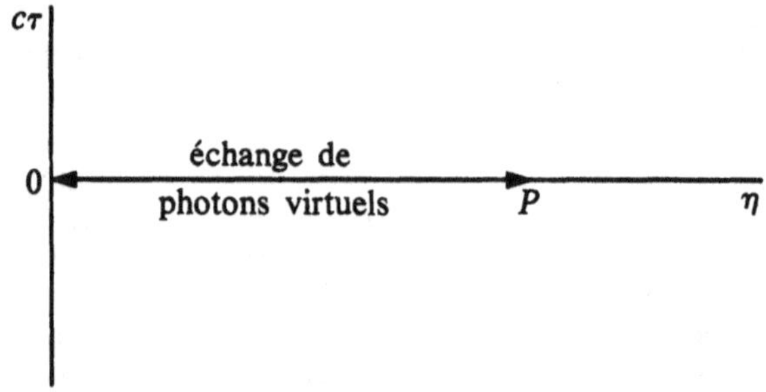

Par photon « virtuel » il faut entendre, pour la Relativité complexe, qu'il n'y a pas de photon « réel » cheminant dans l'espace depuis P jusqu'en O, mais un échange *simultané dans l'âge* τ d'impulsion linéaire entre un photon contenu dans la source P et un photon contenu dans le récepteur O, cette interaction satisfaisant la conservation de l'impulsion-énergie *à l'échelle de l'Univers entier,* et plus précisément à τ donné, quel que soit τ. En d'autres termes, on doit également dire ici que non seulement il ne peut y avoir récepteur O sans émetteur P (ce qui est le principe de causalité habituel), mais encore qu'*il ne peut y avoir émetteur P sans récepteur O,* ce qui constitue un principe de causalité « élargi », valable à la limite pour les interactions « à distance » (ce qui est le cas des interactions électrofaibles en Relativité complexe). Il est intéressant de comparer ce résultat avec celui de la Théorie quantique, où comme on le sait les instruments d'observation sont partie intégrante de l'interaction... remarque à l'origine du paradoxe *EPR*, Einstein si convaincu que toute interaction ne pouvait se propager à vitesse plus grande que c qu'il refusait par principe aux instruments d'observation d'avoir « à l'avance » une influence sur l'onde probabiliste psi (interprétation dite « de Copenhague »). Notons que, pour la Relativité complexe, Einstein et « Copenhague » avaient *à la fois* raison : les interactions électrofaibles sont des communications simultanées *dans l'âge* τ, mais non pas dans le temps t, où elles se propagent bien à vitesse c. Cette distinction est rendue possible car, encore une fois, on évite en Relativité complexe, et à l'échelle de l'Univers entier, la confusion entre le temps t et l'âge τ. Les communications électrofaibles sont des communications « sans vieillissement », en dépit du fait que la distance l entre la source P et le récepteur O est *définie* par :

$$l = ct \qquad (ds = 0)$$

et que par conséquent reste valide l'affirmation que la « vitesse » (dans le temps t) des *photons virtuels* est égale à c. En vérité, toute mesure expérimentale de la vitesse de la lumière est en fait une mesure de *la distance PO* entre la source P et le récepteur O, cette distance invariante étant fournie par la relation (3-3-*a*) ci-dessus, le messager (photon virtuel) « traversant » par définition cette distance avec la vitesse invariante *c*. Cette remarque nous expliquera plus tard (chapitre V, XIII. 7.) pourquoi, contrairement à une croyance de longue date, nous voyons le monde « tel qu'il est » (et tel qu'il est « aujourd'hui »), et non pas « tel qu'il était » dans le passé de l'observateur.

6. La loi de Hubble dans la représentation Forme-âge.

La loi de Hubble n'est pas aisée à formuler dans une représentation énergie-temps (r, ct), car elle est alors basée sur le changement de longueur d'onde des photons entre le point d'émission à l'instant t_0 du temps et le point d'observation à l'instant t_1 du temps, le calcul étant conduit en tenant compte de la modification du rayon spatial $R(t)$ de l'Univers dans son ensemble entre ces deux temps t_0 et t_1. Pratiquement, comme on le sait ⟨ 11⟩, le calcul ne peut seulement être fait *rigoureusement* que pour des distances l entre l'émetteur et le récepteur qui soient telles que :

$$l \ll R(t)$$

Dans la représentation Forme-âge (η, $c\tau$) le calcul est grandement simplifié du fait que l'émetteur G et le récepteur-observateur O ont tous deux, et à chaque instant, *le même âge* τ, et que l'on peut par conséquent définir sans ambigüité, comme nous l'avons vu (3-3-*a*), la distance l entre l'émetteur et le récepteur en termes du rayon spatial *unique* $R(\tau)$, à chaque instant τ.

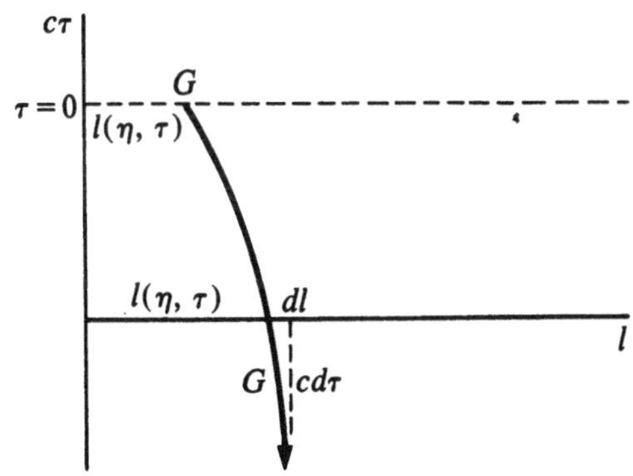

Écrivons cette distance l d'un point G (galaxie par exemple) de coordonnée η à l'instant τ dans le référentiel Forme-âge (η, $c\tau$); (3-3), écrit pour $K=1$ (Univers fermé), nous donne :

(3-3-*b*) $$l = 2R(\tau)\ \text{arc tg}\left(\frac{\eta}{2}\right)$$

où η est une coordonnée *non dimensionnelle,* la coordonnée dimensionnelle $\bar{\eta}$ s'exprimant en fonction du rayon spatial $R(\tau)$:

$$\bar{\eta} = \eta R(\tau)$$

La métrique $\overline{ds}^2$ (3-4) s'écrit, dans la représentation Forme-âge :

$$\text{(3-4-}a\text{)} \quad \overline{ds}^2 = c^2\, dt^2 = c^2\, d\tau^2 + dl^2 = c^2\, d\tau^2 + R^2(\tau) \left[(d\eta^1)^2 + (d\eta^2)^2 + (d\eta^3)^2\right]\left(1 + \frac{K\eta^2}{4}\right)^{-2}$$

avec : $$\eta^2 = (\eta^1)^2 + (\eta^2)^2 + (\eta^3)^2$$

Considérons un objet G se déplaçant dans le référentiel absolu Forme-âge; on peut associer à cet objet une *vitesse relative* v pour un observateur situé à l'âge τ de l'Univers et regardant cet objet; cette vitesse relative v est, par définition :

$$\text{(3-8)} \qquad v = \frac{dl}{dt}$$

En utilisant (3-4-a) cette vitesse relative v s'écrit :

$$\text{(3-9)} \qquad \frac{v^2}{c^2} = \frac{(dl/d\tau)^2}{c^2 + (dl/d\tau)^2}$$

Nous avons aussi :

$$\text{(3-10)} \qquad \begin{cases} \dfrac{\partial l}{\partial \eta} = R\left(1 + \dfrac{\eta^2}{4}\right)^{-1} \\ \dfrac{\partial l}{\partial R} = 2 \text{ arc tg}\left(\dfrac{\eta}{2}\right) = \dfrac{l}{R} \end{cases}$$

Utilisant maintenant (3-3b) nous obtenons :

$$\text{(3-11)} \qquad \frac{\partial l}{\partial \tau} = \frac{\partial l}{\partial \eta}\frac{\partial \eta}{\partial \tau} + \frac{\partial l}{\partial R}\frac{\partial R}{\partial \tau} = R\left(1 + \frac{\eta^2}{4}\right)^{-1}\frac{d\eta}{d\tau} + \frac{l}{R}\frac{\partial R}{\partial \tau}$$

Le principe d'homogénéité et d'isotropie pour les objets se déplaçant « librement » dans un Univers dans son ensemble indique que de tels objets se meuvent (au moins en moyenne) en satisfaisant la condition :

$$\text{(3-12)} \qquad \eta = \text{constante}$$

ce qui veut dire que, dans un tel cas, (3-11) devient :

$$\text{(3-13)} \qquad \frac{dl}{d\tau} = \frac{l}{R}\frac{dR}{d\tau} = l\frac{R'}{R}$$

et par conséquent, (3-10) s'écrit :

$$\text{(3-14)} \qquad \boxed{\frac{v}{c} = \frac{lR'}{\sqrt{c^2R^2 + l^2R'^2}}}$$

C'est la *loi de Hubble* pour l'Univers cosmologique dans son ensemble. La même loi est naturellement valide quelles que soient les dimensions spatiales et temporelles de l'Univers dans son ensemble que nous considérons, et nous allons donc être conduits à utiliser cette loi de Hubble *pour les modèles microscopiques de l'Imaginaire,* qui sont aussi des micro-univers fermés en pulsation radiale.

On note que la formulation (3-14) de la loi de Hubble rend cette loi valide et directement applicable *quelle que soit la distance l* de l'objet observé, résultat qui, on s'en souvient, n'a jamais pu être obtenu tant qu'une confusion était faite en Physique entre l'âge τ et le temps t.

Pour la distance *maximum L* dans un univers fermé sphérique :

(3-15)
$$L = R \int_0^\infty \frac{d\eta}{1+\eta^2/4} = \pi R$$

la vitesse relative de récession prend sa valeur *maximum :*

(3-16)
$$\beta_{\max} = \left(\frac{v}{c}\right)_{\max} = \frac{\pi R'}{\sqrt{c^2 + \pi^2 R'^2}}$$

Comme toute vitesse relative v ne peut jamais excéder la vitesse de la lumière c, nous avons donc un maximum maximorum pour le « redshift » Z de tout objet appartenant à un univers dans son ensemble :

(3-17)
$$Z_{\max} = \left(\frac{\Delta\lambda}{\lambda}\right)_{\max} = \left(\frac{1+\beta_{\max}}{1-\beta_{\max}}\right)^{\frac{1}{2}} - 1 = 5{,}437$$

Dans le cas de notre Univers cosmologique dans son ensemble, (3-17) peut être comparé avec le redshift maximum observé *expérimentalement* à ce jour (1986, quasar PKS 2000-330) :

(3-18)
$$Z_{\max\ 1986} = 3{,}78$$

II. LE MODÈLE IMAGINAIRE : SYSTÈME *E*

Remarque préliminaire.

Tous les modèles considérés dans le présent travail sont limités à la *symétrie sphérique.* Ceci constitue une importante limitation, car les représentations quantiques que nous allons proposer souhaitent tenir compte d'éléments comme le *spin,* ce qui suggérerait des modèles en symétrie *axiale.* Mais, comme on sait, les équations d'Einstein prennent une forme très compliquée en symétrie axiale, et des difficultés mathématiques ne permettent alors pas de déduire des équations des solutions exactes ⟨2⟩.

Nous présenterons donc des modèles (particulaires et cosmologiques) limités à l'approximation de la symétrie *sphérique*, pour des phénomènes où nous savons pourtant qu'une symétrie axiale serait généralement plus appropriée. Plus l'excentricité liée aux phénomènes physiques sera faible, meilleure sera l'approximation sphérique. Nous verrons plus loin (présent chapitre III, VII, 4) que nous pourrons cependant obtenir une estimation de cette excentricité pour les micro-univers fermés de l'Imaginaire, ce qui nous permettra de voir que le « vrai » modèle devrait être un ellipsoïde de révolution avec un rapport r/R entre le petit rayon et le grand rayon d'environ 0,93.

1. Les constituants des micro-univers Imaginaires.

Chaque micro-univers Imaginaire associé à chaque point P du Réel est une hypersphère quadridimensionnelle dont le rayon spatial R est en pulsation quand s'écoule l'âge $\tilde{\tau}$ de ce micro-univers. La pulsation est périodique, de période T.

L'espace du micro-univers Imaginaire est rempli de trois types de densité d'énergie :

a) Une densité d'énergie D_ρ associée à la *densité propre* caractérisant l'espace « vide » du micro-univers. Nous avons :

$$\frac{W_\varrho^2}{c^2} - \sum_{j=1}^{3} P_{j\rho}^2 = \Omega_0^2 c^2 \rho^2 \qquad (j = 1, 2, 3) \tag{3-19}$$

et :

$$D_\rho = \frac{W_\varrho}{\Omega_0} \qquad P_{j\rho}^2 = \frac{P_\varrho^2}{3} \tag{3-20}$$

b) Une *densité d'énergie électromagnétique* D_E, constituée par un rayonnement noir à température θ remplissant l'espace du micro-univers :

$$D_E = \frac{W_E}{\Omega_0} = a\theta^4 \tag{3-21}$$

où $a = 7{,}62 . 10^{-15}$ cgs est la constante de Stephan.

Le principe d'homogénéité et isotropie du micro-univers Imaginaire dans son ensemble indique :

$$\frac{P_{j\rho}^2}{\Omega_0^2} = \frac{1}{3}\frac{D_E^2}{c^2} = \frac{1}{3}\left(\frac{a\theta^4}{c^2}\right)^2 \tag{3-22}$$

c) L'énergie W_ν *d'un neutrino*, se déplaçant « en ligne droite » et à vitesse constante c dans le micro-univers fermé, c'est-à-dire revenant à son point de départ après avoir accompli une « rotation » complète dans le micro-univers, au bout d'une période T de pulsation radiale. Ce neutrino est supposé définir, au cours de son mouvement, un spin et un pulse quantifiés, comme nous le préciserons un peu plus loin.

2. Le tenseur géométrique $T_{\alpha\beta}$ et les équations du modèle Imaginaire.

Seule l'impulsion-énergie associée à *a*) et *b*) ci-dessus doit entrer dans les composantes du tenseur géométrique $T_{\alpha\beta}$ qui va nous permettre de calculer le rayon spatial $R(\tau)$ du micro-univers Imaginaire, étant donné que le neutrino *ponctuel,* dont la masse propre est nulle en Relativité complexe, n'a aucune influence sur *la géométrie* de l'espace-temps Imaginaire; encore que, bien entendu, l'énergie W_ν de ce neutrino interviendra pour calculer *l'impulsion-énergie totale* pour le micro-univers Imaginaire dans son ensemble.

Avec (2-61) les composantes diagonales du tenseur géométrique normal s'écrivent :

(3-23)
$$\begin{cases} \mathbb{T}_4^4 = \xi^2\rho^2 + \dfrac{P_\rho^2}{\hbar^2} \mp \dfrac{\xi^2}{c^4} D_E^2 \\ \mathbb{T}_j^j = -\dfrac{1}{3}\dfrac{P_\rho^2}{\hbar^2} \pm \dfrac{1}{3}\dfrac{\xi^2}{c^4} D_E^2 \end{cases}$$

Comme nous l'avons vu précédemment (théorème de Jonckbloedt, 2-61), les *deux* signes + et − sont autorisés pour les composantes $\mathbb{T}_\alpha^\alpha$, tous deux satisfont :

(2-60-*a*)
$$\nabla_\alpha T_\beta^\alpha \equiv 0.$$

Mais le calcul montrera que le modèle du micro-univers Imaginaire ne pourra être *sans singularité* que si nous choisissons le signe − pour $\mathbb{T}_4^4$ (et donc le signe + pour $\mathbb{T}_j^j$). Le choix contraire conduit à un modèle où le rayon spatial R est *nul* (et donc de densité ρ et température θ *infinies*) pour l'instant de contraction maximum ($\tau = 0$), ce qui est naturellement *physiquement* inacceptable.

Finalement, utilisant les $g_{\alpha\beta}$ de la métrique $\overline{ds}^2$ (3-5) de la représentation Forme-âge (η, $c\tau$), les équations (2-25) de la Relativité complexe s'écrivent, en tenant compte de (3-23) :

(3-24)
$$\begin{cases} 2\dfrac{R''}{R} + \left(\dfrac{R'}{R}\right)^2 - \dfrac{Kc^2}{R^2} - \Lambda c^2 = c^2\mathbb{T}_j^j = \dfrac{1}{3}\dfrac{\xi^2 D_E^2}{c^2} - \dfrac{1}{3}\dfrac{c^2}{\hbar^2}P_\rho^2 \quad (j = 1, 2, 3) \\ 3\left(\dfrac{R'}{R}\right)^2 - \dfrac{3Kc^2}{R^2} - \Lambda c^2 = c^2\mathbb{T}_4^4 = \xi^2 c^2\left(\rho^2 - \dfrac{D_E^2}{c^4}\right) + \dfrac{c^2}{\hbar^2}P_\rho^2 \end{cases}$$

où les primes dénotent une différentiation par rapport à l'âge τ.

3. Variations de ρ et D_E avec le rayon R.

Notre tenseur géométrique doit satisfaire :

(3-25)
$$\nabla_\alpha T_\beta^\alpha \equiv 0 \qquad (\forall\tau)$$

Le théorème de Jonckbloedt (2-61) nous a indiqué que (3-25) était satisfait pour les expressions suivantes de la densité propre ρ et de la densité d'énergie D_E du rayonnement noir :

(3-26) $$\rho = \frac{\delta}{R^n} \qquad \frac{D_E}{c^2} = \frac{\gamma}{R^m}$$

où δ et γ sont des constantes réelles et m et n des facteurs numériques.

Nous choisissons pour les variations de ρ et D_E avec τ les relations suivantes :

a)

(3-27) $$\rho = \frac{\alpha}{R^3}$$

où α est une constante réelle. (3-27) exprime la *conservation de la masse propre totale* de l'espace « vide » $2\pi^2 R^3 \rho$ dans le micro-univers Imaginaire, quel que soit le rayon $R(\tau)$.

b)
La densité d'énergie du rayonnement noir (3-12) :

(3-28) $$D_E = a\theta^4$$

est supposée avoir une température θ variant *adiabatiquement* quel que soit le rayon $R(\tau)$; ceci s'écrit $\langle 10 \rangle$:

(3-29) $$\theta R = \text{constante} \qquad (\forall \tilde{\tau})$$

ou encore :

(3-30) $$\frac{D_E}{c^2} = \frac{\beta}{R^4}$$

où β est une constante réelle.

Comme on le voit, (3-7) comme (3-30) ont bien la forme (3-26) requise pour satisfaire la conservation (3-25) du tenseur géométrique $T_{\alpha\beta}$.

4. L'équation fondamentale d'évolution et les conditions initiales du micro-univers Imaginaire.

Nous choisissons l'origine temporelle $\tilde{\tau} = 0$ à l'instant où le rayon spatial R du micro-univers en pulsation radiale est *minimum*. Les conditions initiales sont alors :

(3-31) $$\tilde{\tau} = 0 \quad \begin{cases} R = R_0 \\ R' = 0 \quad (\text{ou } R' = \pm c) \\ P_\rho = 0 \end{cases}$$

Cinq remarques doivent immédiatement être faites :

a) L'écriture $\tilde{\tau}$ pour la coordonnée temporelle (et non τ) a une signification précise. Le tilde indique que nous sommes dans l'espace *Imaginaire* (et non Réel). Le symbole τ indique qu'il s'agit d'un *âge* (et non d'un temps t), et que la représentation est ici faite dans un référentiel Forme-âge ($\tilde{\eta}$, $c\tilde{\tau}$). Cependant, afin de ne pas surcharger l'écriture, nous conviendrons de ne généralement pas figurer le tilde, et nous écrirons simplement η et τ (sauf s'il y a risque de confusion).

b) Le micro-univers Imaginaire, comme nous le verrons, possède une *période T* dans son évolution temporelle, c'est-à-dire que toutes les grandeurs géométriques reprennent la même valeur quand s'est écoulée une durée T. Nous donnerons à l'âge τ du micro-univers Imaginaire cette périodicité T; cela signifie que nous ramènerons l'âge τ à zéro après chaque durée T.

c) Il existe cependant dans le micro-univers Imaginaire une grandeur non spécifiquement géométrique qu'on ne peut ramener à 0 après chaque pulsation T : c'est le champ électromagnétique dit «de fusion», ou champ sigma (chapitre I, § V). En effet ce champ sigma est susceptible de prendre des états de spin *plus grands que* 1, et ceci de manière *irréversible* (caractéristique néguentropique de l'espace Imaginaire). La présence de ce champ sigma démontre que l'âge Imaginaire τ *n'est pas* véritablement un âge *cyclique,* c'est-à-dire qu'il n'y a pas un «retour cyclique» du temps dans le monde Imaginaire (le monde de la mémoire).

d) A noter cependant que nous pouvons profiter de la périodicité T de l'âge Imaginaire pour repérer les caractéristiques de l'Imaginaire en *les moyennant* sur une durée T. Les moyennes sur T des caractéristiques *géométriques* deviennent alors de véritables «constantes» du micro-univers Imaginaire; par contre, comme nous venons de le noter, les caractéristiques afférentes au champ sigma, même intégrées sur T, peuvent se transformer d'une période T à la suivante.

e) Remarquons enfin que la condition initiale $R' = dR/d\tau = \pm c$ concerne seulement le cas d'un micro-univers Imaginaire où la densité *propre* ρ est *nulle* (seulement un neutrino, pas de courbure riemannienne scalaire, pas de photons thermiques, voir ci-dessous).

En tenant compte de (3-31) dans (3-24) on obtient l'équation fondamentale d'évolution que doit satisfaire le rayon spatial R de tout micro-univers Imaginaire :

$$\boxed{\frac{R'^2}{c^2} = \frac{1}{6}\frac{\xi^2}{R^2}\left[\alpha^2\left(\frac{3}{R_0^2} - \frac{1}{R^2}\right) - \frac{2\beta}{R_0^4}\right] + K + \frac{1}{3}\Lambda R^2} \tag{3-32}$$

On calcule aussi :

(3-33) $$R''=\frac{c^2}{6R^3}\left[2\xi^2\frac{\beta^2}{R_0^4}-\xi^2\alpha^2\left(\frac{3}{R_0^2}-\frac{2}{R^2}\right)+2\Lambda R^4\right]$$

(3-34) $$P_\rho^2=\frac{1}{2}\xi^2\frac{\hbar^2}{R^4}\left[3\alpha^2\left(\frac{1}{R_0^2}-\frac{1}{R^2}\right)-2\beta^2\left(\frac{1}{R_0^4}-\frac{1}{R^4}\right)\right]$$

Toute solution acceptable doit satisfaire :

(3-35) $$R\geqslant 0 \qquad c^2\geqslant R'^2\geqslant 0$$

Le micro-univers Imaginaire doit être un espace *fini* (volume spatial fini), ce qui impose la condition :

(3-36) $$K=+1$$

(3-35) et (3-36) représentent en fait les *conditions d'existence* de tout micro-univers Imaginaire.

III. LES CONDITIONS COMPLÉMENTAIRES DU MICRO-UNIVERS IMAGINAIRE

1. Mouvement du neutrino.

a) Période de rotation-pulsation T.

Compte tenu du fait que, par hypothèse, l'espace du micro-univers Imaginaire doit être homogène et isotrope, nous admettrons que le neutrino contenu dans le micro-univers Imaginaire doit accomplir une *rotation complète* (c'est-à-dire revenir à son point de départ) au cours d'une période T de pulsation radiale du micro-univers. Ceci s'écrit :

(3-37) $$\int_0^T \omega\, d\tau=2\pi, \qquad v=\omega R=c$$

ou encore :

(3-37-*a*) $$\boxed{\int_0^T \frac{d\tau}{R}=\frac{2\pi}{c}}$$

qui constitue une première condition complémentaire du micro-univers Imaginaire.

b) Le spin du neutrino.

Nous définissons *le spin* du neutrino dans le micro-univers Imaginaire comme l'action (divisée par 2π) accomplie par le neutrino dans son mouvement sur sa trajectoire fermée au cours d'une période T de pulsation du micro-univers. Ce spin, de même que le *pulse* du neutrino (c ci-dessous), est quantifié à $(n+1/2)\hbar$ avec $n=0, 1, 2, \ldots$, de manière que l'action *totale* engendrée par le mouvement du neutrino (spin + pulse) soit égale à une action *entière* $2\left(n+\frac{1}{2}\right)h$.

Soit P_S l'impulsion du neutrino (de masse *propre* rigoureusement nulle en Relativité complexe) dans son mouvement de spin à l'intérieur du micro-univers fermé, et W_S l'énergie correspondante. Nous avons :

(3-38) $$\int_0^T P_S c\, d\tau = \int_0^T \frac{W_S}{c} c\, d\tau = (n+1/2)h \qquad (n=0, 1, 2, \ldots)$$

ou encore :

(3-38-*a*) $$\overline{W_S} = \frac{1}{T}\int_0^T W_S\, d\tau = (n+1/2)h\nu. \qquad \left(\nu = \frac{1}{T}\right)$$

La valeur moyenne $\overline{W_S}$ de W_S sur une période T de pulsation du micro-univers imaginaire sera nommée *l'énergie de spin* du neutrino.

c) Le pulse du neutrino.

Nous définissons *le pulse* du neutrino comme l'action (divisée par 2π) accomplie par le neutrino au cours de son mouvement *radial,* quand ce neutrino « accompagne » l'expansion-contraction radiale à période T et vitesse R' de l'espace du micro-univers Imaginaire. Nous avons vu (loi de Hubble généralisée 3-14) que la vitesse radiale v d'expansion-contraction du neutrino noyé dans l'espace du micro-univers Imaginaire et en mouvement à une distance constante l du point P unique formant l'interface entre le Réel et l'Imaginaire, était :

(3-14-*a*) $$\frac{v}{c} = \frac{lR'}{\sqrt{c^2R^2 + l^2R'^2}}$$

Le pulse du neutrino est par conséquent *défini* comme valant :

(3-39) $$\int_0^T \frac{\overline{W_S}}{c^2} \frac{v^2}{\sqrt{1-v^2/c^2}}\, d\tau = (n+1/2)h = \overline{W_P}T$$

où $\overline{W_S}$ est donné par (3-38-*a*), et où $\overline{W_P}$ est nommé *l'énergie de pulse* du neutrino.

Posons :

(3-40) $$l = 2R \text{ arc tg}(\eta/2) = YR$$

où $\eta = \overline{\eta}/R$ (3-6) est la coordonnée non dimensionnelle du neutrino dans le référentiel Forme-âge $(\eta, c\tau)$. Étant donné que, dans un micro-univers *fini,* l doit être compris entre 0 et πR, ceci impose pour Y la condition :

(3-40-*a*) $$0 \leqslant Y \leqslant \pi$$

Le neutrino, comme tout objet de l'espace dans un univers considéré *dans son ensemble,* se mouvant « librement » dans le micro-univers

Imaginaire, suit une géodésique de ce micro-univers homogène et isotrope, c'est-à-dire que sa coordonnée η satisfait (3-12) :

(3-12-*a*) $$\eta = \text{constante} \qquad (\forall \tau)$$

ce qui signifie, avec (3-40) :

(3-41) $$Y = 2 \text{ arc tg}(\eta/2) = \text{constante}. \qquad (\forall \tau)$$

Avec (3-39), (3-40), (3-14-*a*) et (3-38) la condition que doit satisfaire Y pour que le neutrino possède bien une action de pulse quantifiée à $(n+1/2)h$, avec $n = 0, 1, 2, \ldots$, s'écrit :

(3-42) $$\boxed{\frac{1}{T}\int_0^T \frac{Y^2 \dfrac{R'^2}{c^2}}{\sqrt{1 + Y^2 \dfrac{R'^2}{c^2}}}\, d\tau = 1}$$

Ceci veut encore dire que le neutrino enfermé dans l'espace du micro-univers Imaginaire pourra avoir un spin et un pulse, chacun égal à $(n+1/2)\hbar$, s'il existe une valeur de Y :
— *d'une part comprise* (*d'après* (3-40-*a*)) *entre 0 et* π
— *et satisfaisant d'autre part* (3-42) ci-dessus.

Si ces deux conditions peuvent être simultanément satisfaites, alors (et alors seulement) il existera une « orbite » à distance l intérieure au micro-univers Imaginaire où le mouvement du neutrino sera quantifié pour son spin et pour son pulse à $(n+1/2)\hbar$.

L'énergie *totale* de ce neutrino sera alors :

(3-43) $$W = \overline{W}_S + \overline{W}_P = 2(n+1/2)\frac{h}{T} = 2(n+1/2)\,h\nu$$

(3-42) doit donc être considéré comme une autre condition complémentaire du micro-univers Imaginaire dans son ensemble, associée comme (3-37-*a*) au mouvement du neutrino.

On remarquera que la condition (3-42) est *indépendante de l'entier n*, c'est-à-dire que s'il existe une distance l satisfaisante pour un neutrino de spin (ou pulse) $\hbar/2$, il existera aussi plus généralement une orbite l acceptable pour un neutrino de spin (ou pulse) $(n+1/2)\hbar$, et *ce sera la même orbite.* Les énergies $\overline{W}_S$ et $\overline{W}_P$ sont, dans chaque cas, $(n+1/2)\,h\nu$, l'énergie *totale* est toujours donnée par (3-43).

Notons que, pour $R' = c$, (3-42) fournit immédiatement :

(3-47-*a*) $$R' = c, \qquad Y = \left(\frac{1+\sqrt{5}}{2}\right)^{\frac{1}{2}} = 1{,}27$$

2. La longueur élémentaire l_0.

Un autre type de condition complémentaire de l'équation d'évolution fondamentale (3-32) concerne la longueur élémentaire l_0, ou le volume élémentaire $\Omega_0 = \frac{4}{3} \pi l_0^3$, qui a été introduite dans le formalisme de la Relativité complexe en (2-18-*a*).

a) Ce volume élémentaire Ω_0 est associé au Réel : le Réel est fait de Formes, représentées par une courbure riemannienne R (2-28) :

(3-45) $$R = \xi^2 \rho^2 + 4\Lambda$$

qui varie généralement d'un point P à un autre de l'espace Réel. Étant donné que P est lui-même la « trace » dans le Réel d'un micro-univers situé dans l'Imaginaire et contenant une énergie mc^2, nous utilisons le volume élémentaire pour relier la courbure riemannienne R en P (ou la densité propre ρ en P) à l'énergie mc^2 en P; nous avons :

(3-46) $$mc^2 = \Omega_0 \rho c^2$$

b) Comment allons-nous déterminer la valeur de la constante absolue Ω_0? Dans le chapitre IV qui suit nous étudierons les Formes macroscopiques *stables* et fortement *localisées* qui sont susceptibles d'apparaître dans l'espace Réel à partir des équations gouvernant cet espace. Nous constaterons que le Réel ne contient que *deux types* de Formes stables localisées, toutes deux déduites d'une métrique de Schwarzschild en symétrie sphérique :

- Une de ces Formes stables concerne la densité propre $\rho = 0$ au point P (neutrino, photon).

- L'autre Forme stable, que nous nommons *holon*, est représentée par une structure d'espace très « compacte » dans laquelle la distribution de densité ρ décroît d'un maximum ρ_0 au centre de la configuration jusqu'à zéro sur la frontière limitant le holon. Nous montrerons comment cette Forme holonique constitue l'essentiel des *hadrons*. Soit R_H le rayon du holon et V_H son volume spatial. Chaque point P de densité propre ρ entrant dans le volume holonique est associé, dans l'Imaginaire, à une énergie propre que nous venons de voir égale à mc^2.

Il y a naturellement *une infinité* de tels points P composant le volume holonique, et donc aussi une infinité de micro-univers Imaginaires associés à l'ensemble des points P du holon, chaque point P se caractérisant par une densité propre ρ de l'espace Réel et une énergie mc^2 située dans le micro-univers Imaginaire en P. Il est clair que nous voulons un formalisme dans lequel l'énergie propre *totale* $M_H c^2$ de la structure holonique demeurera *invariante* quelle que soit la méthode utilisée pour calculer cette énergie totale : soit l'intégration de ρ sur le volume V_H du holon, soit l'intégration sur ce volume de toutes les énergies individuelles mc^2 situées dans les micro-univers Imaginaires associés aux points P de la structure holonique. Ceci s'écrit :

(3-47) $$M_H c^2 = \int_{V_H} \rho c^2 \, dV = \frac{1}{V_H} \int_{V_H} \rho \Omega_0 c^2 \, dV$$

qui fournit à son tour :

(3-48) $$\Omega_0 = V_H$$

et finalement, dans l'hypothèse d'une géométrie *sphérique* de la structure holonique :

(3-49) $$\boxed{l_0 = R_H}$$

(3-49) est une nouvelle condition complémentaire nécessaire à la résolution de l'équation fondamentale d'évolution (3-32). On voit que cette relation (3-49) va constituer un *couplage* entre le *Système E* représentant les structures stables localisées de l'espace Imaginaire, et le *Système H* représentant les structures stables localisées de l'espace Réel (couplage éon/holon). C'est pourquoi nous parlerons par la suite de la recherche de solution du *Système E-H*, puisque ces deux Systèmes *E* et *H* sont couplés entre eux et que l'un ne peut pas être résolu indépendamment de l'autre. Nous verrons d'ailleurs dans notre chapitre V, quand nous rechercherons le modèle cosmologique du Réel dans son ensemble (Système *C*), que ce dernier Système *C* est lui-même couplé au Système *E-H*. Ceci démontrera *l'unité* de la représentation totale de l'Univers offerte par la Relativité complexe, Univers total ici formé de l'union du Réel et de l'Imaginaire.

3. Conservation de l'énergie dans les micro-univers Imaginaires.

Écrivons une fois encore la masse propre m en un point de densité ρ du Réel, que nous venons de voir égale à :

(3-50) $$m = \Omega_0 \rho$$

L'axiome de quantification (chapitre II, IV. 1) nous dit que le point P, que nous supposerons ici être *un fermion*, se caractérise par une action totale *impaire* $2(n+1/2)\,h$ en P, $n=0, 1, 2...$ L'impulsion-énergie en P se localise et se représente non pas en P (qui est une structure *ponctuelle*), mais dans le volume $2\pi^2R^3$ du micro-univers *Imaginaire* fermé associé au point P. Soit T la période de pulsation du micro-univers Imaginaire en P. La conservation de l'énergie en P, dans le référentiel propre de P, s'écrit en tenant compte de l'équation fondamentale d'évolution (3-32) du micro-univers Imaginaire :

(3-51) $$\frac{1}{T}\int_0^T 2\pi^2c^2\left(\alpha+\frac{\beta}{R}\right)d\tau + 2(n+1/2)\,\frac{h}{T} = m_nc^2$$

où m_n désigne la masse propre en P pour chaque valeur de $n=0, 1, 2...$

Nous remarquerons que :

a) α, β et h (ce dernier associé à $\xi = \Omega_0 c/\hbar$), qui figurent dans l'équation fondamentale (3-32) par l'intermédiaire de *leurs carrés*, sont définis seulement *au signe près*. Ceci veut encore dire que si (3-32) possède une solution pour des valeurs données de α, β et h, il existera une autre solution (que nous nommerons l'*anti-solution*) qui sera simplement obtenue en changeant *simultanément* les signes des trois quantités α, β et h (ou ξ). Cette anti-solution correspond, d'après (3-31), à un changement de signe de la masse propre m_n. On reconnaît naturellement ici la distinction entre *matière* (m_n positif) et *antimatière* (m_n négatif).

b) On voit que (3-51) suppose que le neutrino contenu dans le micro-univers Imaginaire peut posséder dans cet espace (espace néguentropique) des états de spin *plus grands* que 1/2, à savoir : 1/2 pour $n=0$, 3/2 pour $n=1$, 5/2 pour $n=2$... Pour ces états supérieurs de spin l'action *totale* (spin + pulse) au point P (fermion) est respectivement h, $3h$, $5h$... Ces états supérieurs de spin du neutrino correspondent, comme nous venons de le voir (3-43), à une énergie accrue du neutrino enfermé dans le micro-univers, et donc une masse propre m_n accrue en P, ce que traduit la relation de conservation (3-51). Nous avons déjà mentionné que le champ électromagnétique sigma, enfermé également dans l'espace néguentropique du micro-univers, était également susceptible (et pour la même raison, espace *néguentropique*) de posséder des états de spin *plus grands* que 1. Mais, à la différence des neutrinos, ces états supérieurs de spin photoniques n'entraînent pas nécessairement un accroissement de la masse propre m_n concernée : c'est ici la température absolue θ du rayonnement noir enfermé dans le micro-univers qui diminue, de manière à conserver une masse propre totale m_n *inchangée*.

La condition complémentaire (3-51) appelle les remarques suivantes :

3-1) Dans (3-51) nous convenons de dire que le point P est *matière* si la masse propre m_n est positive, et *antimatière* pour m_n négative.

3-2) Anticipant sur l'analyse qui va être faite (§ V ci-dessous) de l'équation fondamentale d'évolution (3-34), ses conditions d'existence (3-35 et 3-36), initiales (3-31) et complémentaires (3-37-*a*, 3-42, 3-49, 3-51), nous soulignerons les aspects suivants (*pour* m_n *positif, matière;* inverser les signes pour m_n négatif, antimatière) :
— pour chaque valeur de n ($n=0, 1, 2, ...$) on calcule pour solution *une valeur* de m_n et *une seule;*
— les trois paramètres α, β et h sont des constantes *absolues* (au signe près), quel que soit n;
— h est *positif* quel que soit n (le micro-univers contient un neutrino, et non pas un antineutrino);
— α est *négatif* quel que soit n (l'espace « vide » du micro-univers est constitué d'une densité ρ négative, anti-espace);
— β est *négatif* quel que soit n (charge électrique négative), *sauf pour* $n=0$ (solution stable de plus basse énergie, positron, charge électrique positive), où β est *positif.*

Afin d'éviter toute ambiguïté tenant compte de l'exception pour $n=0$ mentionnée ci-dessus, nous conviendrons de conserver à la constante β son signe *négatif,* même pour $n=0$, mais d'écrire pour ce cas l'équation de conservation (3-51) sous la forme :

$$\frac{1}{T}\int_0^T 2\pi^2 c^2\left(\alpha-\frac{\beta}{R}\right)d\tau+\frac{h}{T}=m_0c^2 \qquad (3\text{-}52)$$

Nota : Le cas $n=0$ nous indique que la structure particulaire de masse propre la plus faible et positive (matière) est de charge électrique *positive* ($\beta>0$ dans 3-51), et correspond donc au *positron.* L'électron, qui est observé expérimentalement comme possédant une charge électrique *négative,* devrait donc selon le formalisme de la Relativité complexe être classé parmi les particules d'*antimatière* ($m_0<0$). Ceci n'a guère d'importance en Physique « pré-complexe », pour laquelle matière et antimatière son acceptées toutes deux comme représentées par des particules de masse propre toujours *positive;* mais cela mérite sans aucun doute d'être noté, si on pense par exemple à la présence de l'antimatière dans l'Univers dans son ensemble : nos atomes possèdent des « traces » d'antimatière, leurs électrons.

IV. LE SYSTÈME *E*

Nous pouvons maintenant formuler le Système général d'équations à résoudre pour obtenir le modèle particulaire dans l'espace Imaginaire, en y incluant les conditions complémentaires.

$$(3\text{-}53)\quad \begin{cases} \dfrac{R'^2}{c^2}=\dfrac{1}{6}\dfrac{\xi^2}{R^2}\left[\alpha^2\left(\dfrac{3}{R_0^2}-\dfrac{1}{R^2}\right)-\dfrac{2\beta^2}{R_0^4}\right]+K+\dfrac{1}{3}\Lambda R^2 \\ \dfrac{1}{T}\displaystyle\int_0^T 2\pi^2c^2\left(\alpha-\frac{\beta}{R}\right)d\tau+\frac{h}{T}=m_0c^2 \\ \dfrac{1}{T}\displaystyle\int_0^T 2\pi^2c^2\left(\alpha+\frac{\beta}{R}\right)d\tau+2(n+1/2)\frac{h}{T}=m_nc^2 \qquad (n=1,2,3\ldots) \\ \displaystyle\int_0^T\frac{d\tau}{R}=\frac{2\pi}{c} \\ l_0=R_H \quad (R_H \text{ déduit du Système } H) \end{cases}$$

Nous appelons (3-53) le *Système E* (Système éonique).

Le Système E est formé d'une solution *générale,* valable pour tout point P de masse propre m avec $m=\rho\Omega_0$, quel que soit ρ; et de solutions *particulières,* applicables à des points P de masse propre $m_n = \rho_n \Omega_0$, les masses m_n formant un spectre *discret* de masses propres.

Nous allons successivement examiner ces deux types de solutions du Système E.

V. LES PRÉONS ÉLECTRIQUEMENT NEUTRES DE L'IMAGINAIRE, ET LES GLUONS PONCTUELS DU RÉEL.

1. Les préons.

C'est la solution pour laquelle les deux paramètres α et β sont *nuls* dans l'équation fondamentale d'évolution (3-32). L'espace *Imaginaire* possède donc une densité ρ nulle ($\alpha = 0$), et la température θ du rayonnement noir est également nulle ($\beta = 0$). Nous verrons tout à l'heure (§ VI) que les interactions électrostatiques entre deux particules chargées sont le résultat d'interactions virtuelles (échange de photons virtuels) entre les rayonnements noirs enfermés dans chacun des micro-univers représentant respectivement les parties Imaginaires des deux particules. $\beta = 0$ signifie donc également que le point P considéré est *électriquement neutre.*

Finalement, le micro-univers enferme ici seulement le neutrino en rotation à vitesse c et une énergie (3-43 et 3-51) :

(3-54)
$$W_\nu = \overline{W_S} + \overline{W_P} = \frac{h}{T} = h\nu = mc^2$$

représentant l'énergie mc^2 associée (dans l'Imaginaire) à la structure ponctuelle P du Réel. Un tel micro-univers n'est donc constitué d'aucun élément de masse propre *non nulle,* et par conséquent il doit alors (nos conditions initiales 3-31) être initialement ($\tau = 0$) en pulsation radiale à vitesse $R' = \pm c$. Cet état $R' = \pm c$ se maintient quel que soit τ, puisque seul le neutrino de masse propre nulle est présent dans le micro-univers pendant toute la durée de sa pulsation radiale. L'équation (3-32) nous indique alors que, dans ce cas, nous avons aussi $\Lambda = 0$. Ce que nous nommons *la masse propre m au point P du Réel* est donc la conséquence directe du mouvement relativiste à vitesse c du neutrino *dans l'Imaginaire.*

L'équation (3-32), avec $\alpha = \beta = \Lambda = 0$, devient :

(3-55)
$$\frac{R'^2}{c^2} = 1$$

avec sa solution immédiate :

(3-56)
$$R = R_0 \pm c\tau$$

où R_0 désigne le rayon spatial *minimum* du micro-univers en pulsation.

Si T est la période de pulsation, nous avons pour le rayon *maximum* $\mathcal{R}$:

(3-57) $$\mathcal{R} = R_0 + c\,\frac{T}{2}$$

Appliquant maintenant à ce micro-univers la condition complémentaire (3-37-*a*) :

(3-58) $$\int_0^T \frac{d\tau}{R} = \frac{2\pi}{c}$$

nous obtenons :

(3-59) $$\frac{\mathcal{R}}{R_0} = e^{\pi} = 23,14$$

Les énergies $\overline{W}_S$ et $\overline{W}_P$ du neutrino, respectivement asociées aux mouvements de spin et de pulse de ce neutrino, doivent satisfaire dans les deux cas :

(3-60-*a*) $$\frac{W_S}{c^2}\,c^2 T = (n+1/2)\,h = \overline{W}_S T$$

(3-60-*b*) $$\frac{\overline{W}_S}{c^2}\,\frac{v^2 T}{\sqrt{1-v^2/c^2}} = (n+1/2)\,h = \overline{W}_P T$$

Vérifions qu'il existe bien dans le micro-univers une orbite Y (3-41) permettant de satisfaire la condition complémentaire (3-42), sous la contrainte (3-40-*a*) :

(3-40-*b*) $$0 \leqslant Y \leqslant \pi.$$

Nous avons ici $R'^2 = c^2$, et (3-42) s'écrit :

(3-61) $$\frac{1}{T}\int_0^T \frac{Y^2}{\sqrt{1+Y^2}}\,d\tau = \frac{Y^2}{\sqrt{1+Y^1}} = 1$$

qui est satisfait pour :

(3-61-*a*) $$Y = 1,272$$

Ainsi le neutrino peut donc bien posséder ici un mouvement quantifié de spin et de pulse, sur une orbite du micro-univers définie par :

(3-61-*b*) $$l = 1,272\,R(\tau) \qquad (\forall \tau)$$

La vitesse radiale v d'expansion-contraction, telle qu'elle est calculée sur cette orbite du neutrino par la loi de Hubble généralisée (3-14), est :

(3-62) $$\frac{v}{c} = \pm\frac{Y}{\sqrt{1+Y^2}} = \pm 0,786$$

L'énergie *totale* du neutrino est, avec (3-60-*a*) et (3-60-*b*) :

(3-63) $$W = \overline{W}_S + \overline{W}_P = 2(n+1/2)\,\frac{h}{T} = mc^2$$

De (3-54) on déduit alors la période de pulsation T (ou la fréquence $\nu = 1/T$) en termes de la masse propre m au point P du Réel :

(3-64) $$T = \frac{2(n+1/2)h}{W} = \frac{2(n+1/2)h}{mc^2}$$

Nous avons finalement :

(3-65) $$R = e^{\pi} R_0 = R_0 + c\,\frac{T}{2}$$

soit :

(3-66) $$R_0 = \frac{\left(n + \frac{1}{2}\right)h}{mc(e^{\pi} - 1)}$$

Nous nommons PRÉON ce modèle de micro-univers Imaginaire électriquement neutre, caractérisé dans l'équation fondamentale d'évolution par $\alpha = \beta = \Lambda = 0$, et de « trace » ponctuelle P de masse propre m dans l'espace du Réel.

REMARQUES.

a) Cette solution préonique de l'équation fondamentale (3-32) est valide pour *tout point P* de masse propre m de l'espace Réel, y compris pour *un neutrino ou un photon,* qui en Relativité complexe ont tous deux une masse *propre m* rigoureusement *nulle.* Cependant, dans ce cas il n'est plus possible de considérer le point P comme « au repos » dans un référentiel du Réel, le point P a dans le Réel, et dans tout référentiel, une vitesse constante c : nous sommes alors conduits à remplacer dans ce cas mc^2, dans (3-64), soit par l'énergie totale W_ν si P désigne un neutrino, soit par l'énergie $h\nu$ si P désigne un photon.

b) Cependant, le *photon* possède un spin *entier,* et doit donc être plus justement représenté dans l'espace Réel, non pas comme un seul point P, mais comme *deux* points P_1 et P_2 de même énergie associés l'un à l'autre, ou comme deux neutrinos, chacun de spin demi-entier ⟨4⟩, tournant à distance voisine l'un autour de l'autre avec la fréquence ν qui caractérise le photon considéré. Dans la représentation Imaginaire nous aurons donc à figurer la partie Imaginaire du photon au moyen de *deux* micro-univers voisins, représentant à eux deux un spin total $\hbar$, et un pulse total $\hbar$ également, soit une action totale $2h$ pour la représentation *complète* du photon (voir chapitre II, IV.2, *in fine*).

c) En fait, et comme on le constate maintenant, le modèle préonique de tout point P du Réel exposé ci-dessus en Relativité complexe est une justification a posteriori des hypothèses faites intuitivement par Louis de Broglie et la Mécanique ondulatoire dès 1925, hypothèses qui ont formé comme on le sait la base de l'interprétation probabiliste pour la localisation de toute particule, ou plus généralement la localisation de tout point P de masse propre m, en mouvement dans l'espace du Réel.

2. Les gluons.

La représentation préonique semble offrir une difficulté apparente quand on ne considère pas seulement un point P unique dans l'espace Réel, mais une région *étendue,* naturellement constituée *d'une infinité* de points P (ensemble infini continu). Si chacun des points de cet ensemble possédait un spin $\hbar/2$, par exemple, ou une masse propre m non rigoureusement nulle, la région étendue représenterait dans ce cas, avec son nombre infini de points P, une région du Réel à spin, ou à masse propre, tous deux *infinis.* Ceci est naturellement physiquement inacceptable.

La Relativité complexe admet donc que les préons de l'Imaginaire *se groupent par paires* dans les régions étendues du Réel, chacun des éléments de la paire se caractérisant par des valeurs *égales mais opposées en signe :* par exemple une paire d'éléments ayant pour spins $+\hbar/2$ et $-h/2$, et pour masses propres $+m$ et $-m$, etc. Nous appellerons de telles paires des GLUONS. Les gluons sont donc formés d'une paire préon/antipréon; ils sont électriquement neutres, de spin et pulse *global* tous deux nuls, de masse propre *globale* nulle. Les gluons sont donc des bosons; mais chaque boson est formé de l'accouplement de deux *partenaires fermioniques,* qui sont en fait dans l'Imaginaire un préon et son antipréon. On voit la parenté entre les gluons et les photons : tous deux sont constitués par une paire d'éléments associés, les photons par une paire de neutrinos, les gluons par une paire préon-antipréon, de masse propre $+m/-m$. Les équations gluoniques ont d'ailleurs curieusement été proposées par Louis de Broglie dès 1940 (et pratiquement à son insu!) comme complément « non maxwellien » de spin total nul des équations maxwelliennes du photon $\langle 4 \rangle$. Les gluons ne sont cependant *directement* « observables » (au moyen d'une détection d'impulsion-énergie) que quand *on sépare* les deux éléments de la paire gluonique, pour en faire un préon *isolé* (si cela est possible).

Par contre, et si un gluon *isolé* paraît sans doute difficilement observable, nous avons vu ci-dessus qu'une *infinité* de gluons, regroupés pour former une région *étendue* du Réel, constituait un objet observable, car défini par un contenu *non nul* en énergie. Ceci rejoint en fait le calcul III. 2 ci-dessus, qui a conduit à l'évaluation de la *longueur élémentaire* l_0 (ou du volume élémentaire $\Omega_0 = \frac{4}{3} \pi l_0^3$). L'idée essentielle est finalement le fait qu'un ensemble infini continu de gluons, dont chacun est une paire d'éléments ponctuels, de masse propre et spin tous deux globalement *nuls,* constitue une masse propre totale d'apparence *indéterminée* (de la forme zéro multiplié par l'infini), mais qui s'avère, dans un formalisme plus complet, apparaître comme *déterminable,* et fournir ainsi à cet « objet » gluonique étendu des caractéristiques précises, notamment de spin et de masse propre *non nuls.* C'est, en quelque sorte, la répétition de ce qui s'était produit pour les particules de masse propre *nulle* (photon, neutrino), se déplaçant dans tout référentiel à une vitesse relative constante c, particules que la Relativité avait pour un instant considérées comme d'énergie *indéterminée* (masse propre nulle, mais vitesse c rendant infinie la masse relativiste, indétermination $0 \times$ infini).

Mais le développement des idées relativistes avait très vite, on s'en souvient, permis de « lever » cette apparente indétermination. Nous paraissons nous trouver dans un cas analogue avec le développement de la Relativité complexe : des gluons de masse propre nulle peuvent se réunir dans des ensembles *infinis* ayant une masse propre globale *bien déterminée* et non nécessairement nulle. Dans une telle détermination le volume élémentaire Ω_0 paraît jouer un rôle essentiel, puisqu'un ensemble infini de gluons, constitué chacun de paires opposées dont chaque élément a pour masse propre $m = \Omega_0 \rho$, conduit à une masse propre globale M_H enfermée dans un volume V_H satisfaisant (3-47) :

$$\int_{V_H} \rho c^2 \, dV = \frac{1}{V_H} \int_{V_H} \rho \Omega_0 c^2 \, dV \qquad \text{(3-47-}a\text{)}$$

qui nous montre que les gluons *ne peuvent pas « manifester » un effet de masse propre non nulle* autrement qu'en se regroupant dans des volumes V_H bien précis, égaux à la constante absolue Ω_0 (volume élémentaire). Avec pour importante conséquence, comme nous le verrons ci-dessous, que les masses particulaires *stables* (et non nulles) du Réel doivent correspondre, dans les équations d'évolution du Réel, à un volume non pas quelconque, mais égal à la constante absolue Ω_0. C'est ce fait qui, finalement, va permettre la condition *de couplage* (3-49) entre le Réel et l'Imaginaire, condition qui va à son tour nous conduire à la solution *unique* recherchée des équations d'unification de la Relativité complexe.

VI. LES ÉONS ÉLECTRIQUEMENT CHARGÉS DE L'IMAGINAIRE, ET LES LEPTONS CHARGÉS PONCTUELS DU RÉEL.

1. Obtention des solutions particulières.

Nous considérons maintenant des solutions particulières du Système E, pour lesquelles le micro-univers contient non seulement un neutrino (cas général préonique), mais encore une température de corps noir θ non nulle (β différent de 0), et aussi une densité ρ de l'espace Imaginaire non nulle (α différent de 0).

Pour calculer ces solutions particulières nous avons besoin des valeurs numériques de α et β,.et aussi de la période T_0 de pulsation radiale du micro-univers. Nous considérerons α, β et T_0 comme des constantes *fondamentales* de notre Univers, et plus précisément de sa partie

Imaginaire (ce dernier point expliquant que la Physique n'a pas eu à s'en préoccuper avant l'introduction de l'Imaginaire dans ses représentations). Par contre, il est clair que ces nouvelles constantes doivent avoir des relations avec *les autres* constantes fondamentales de la Physique, celles qui ont précédé l'introduction de l'Imaginaire. Ceci est d'ailleurs visible sur l'équation fondamentale d'évolution (3-32) de l'Imaginaire et ses conditions complémentaires, qui font entrer non seulement α, β et T_0, mais encore c, h et les masses m_n, qui devraient en principe correspondre aux masses des *leptons chargés*, dont on connaît expérimentalement aujourd'hui trois représentants (l'électron, le muon et le lepton « lourd » tau).

Une première analyse du Système E montre que, pour calculer *l'ensemble* des solutions particulières, nous avons besoin des valeurs de *cinq* des paramètres mentionnés ci-dessus, avec bien entendu leurs valeurs *expérimentales* précises. Nous choisirons c, h et les masses propres des trois leptons chargés connus (m, μ et τ). Les équations (3-53) du Système E fournissent alors facilement, en fonction de ces paramètres bien mesurés par l'expérience, les valeurs des trois principaux paramètres *inconnus*, à savoir α, β et T_0. On obtient :

$$(3\text{-}68)\qquad \begin{cases} \alpha = \dfrac{m+\mu}{4\pi^2} - \dfrac{h}{\pi^2 c^2 T_0} = -1{,}46.10^{-25}\ \text{g} \\[2ex] \beta = \dfrac{(\mu - m)c^2 T_0 - 2h}{8\pi^3 c} = -1{,}74.10^{-39}\ \text{g} \times \text{cm} \\[2ex] T_0 = \dfrac{2h}{c^2(\tau-\mu)} = 4{,}93.10^{-24}\ \text{s} \end{cases}$$

Pour tout choix d'une valeur du rayon minimum initial R_0, OU pour tout choix du paramètre $\xi = \Omega_0 c/\hbar$, il y a *une solution et une seule* du Système E, pourvu que ce choix satisfasse *les deux* conditions suivantes :

$$(3\text{-}69\text{-}1)\qquad \begin{cases} a)\ 0 \leqslant R_0 \leqslant \dfrac{\beta}{\alpha} = 11{,}91.10^{-15}\ \text{cm} \\[2ex] b)\ 0 \leqslant \xi \leqslant \dfrac{R_0^2\sqrt{3}}{\sqrt{\beta^2/R_0^2 - \alpha^2}} \end{cases}$$

où R_0 est le rayon minimum, obtenu (comme le rayon maximum) pour $R' = dR/d\tau = 0$.

Ces deux conditions (3-69-1) sont en fait imposées par la nécessité de satisfaire aux conditions d'existence (3-35) et (3-36), conditions qui impliquent d'obtenir une valeur *négative* de la constante « cosmologique » Λ :

$$(3\text{-}69\text{-}2)\qquad \Lambda = \frac{\xi^2}{R_0^6}\left(\frac{\beta^2}{R_0^2} - \alpha^2\right) - \frac{3}{R_0^2} \leqslant 0$$

Nous voulons aussi faire un choix de ξ qui satisfasse la condition complémentaire (3-49) :

(3 – 49-*a*) $$l_0 = R_H$$

où R_H est le rayon du holon, qui sera obtenu plus loin par la résolution du Système H pour l'espace Réel (chapitre IV, R_H seul rayon de courbure particulaire *stable* de l'espace Réel). (3-49-*a*) est en fait une équation de *couplage* entre le Système E et le Système H.

Étant donné que la valeur de R_H figurant dans (3-49-*a*) est nécessaire à la résolution du Système E, nous allons dès maintenant anticiper sur ce calcul, qui sera numériquement effectué quand nous disposerons du Système H au chapitre IV qui suit. Nous obtiendrons :

(3-70) $$l_0 = R_H = 1{,}8\,.\,10^{-14}\ \text{cm}$$

d'où :

(3-70-*a*) $$\Omega_0 = \frac{4}{3}\,\pi l_0^3 = 2{,}44\,.\,10^{-41}\ \text{cm}^3$$

et par conséquent :

(3-71) $$\xi = \frac{\mathcal{R}_0 c}{\hbar} = 6{,}8\,.\,10^{-4}\ \text{cgs}$$

Utilisant alors l'équation fondamentale d'évolution (3-32) avec cette valeur (3-71) de ξ, nous calculons pour le rayon initial R_0 à $\tau = 0$ et le rayon maximum $\mathcal{R}$ à $\tau = T_0/2$:

(3-72) $$\begin{cases} R_0 = 8{,}01\,.\,10^{-15}\ \text{cm} \\ \mathcal{R} = 4{,}82\,.\,10^{-14}\ \text{cm} \end{cases}$$

Nous appelons ÉON ce modèle électriquement chargé ($\beta \neq 0$) de l'espace Imaginaire.

Les éons sont donc les solutions particulières du Système E pour une suite *discontinue* de valeurs $\rho_n = m_n/\Omega_0$ de la densité ρ_n au point P du Réel.

Cependant, la solution éonique NE VIENT JAMAIS SEULE au point P, puisque, comme nous l'a montré la solution préonique (§ V.1), pour *toute* valeur de la masse propre m au point P du Réel on obtient cette solution préonique, qui vient donc *se superposer* à la solution éonique proprement dite pour les valeurs particulières m_n de m qui satisfont cette solution éonique. Bien noter cependant que la période T (3-64) de la solution générale *préonique :*

(3-64-*a*) $$T = \frac{2(n + 1/2)\,h}{mc^2}$$

ne doit pas être confondue avec la période T_0 (3-68) de la solution éonique :

(3-68-*a*) $$T_0 = \frac{2h}{c^2(\tau - \mu)} = 4{,}93\,.\,10^{-24}\ \text{s}$$

T varie notamment avec chaque m, alors que T_0 reste *le même* pour *toutes* les solutions particulières éoniques m_n.

Nous pouvons encore dire que la solution générale pour les préons électriquement neutres est *simple,* alors que la solution particulière qui concerne les éons chargés est *double,* la solution préonique vient *toujours se superposer* à la situation particulière éonique considérée.

Ces résultats sont schématisés ci-dessous :

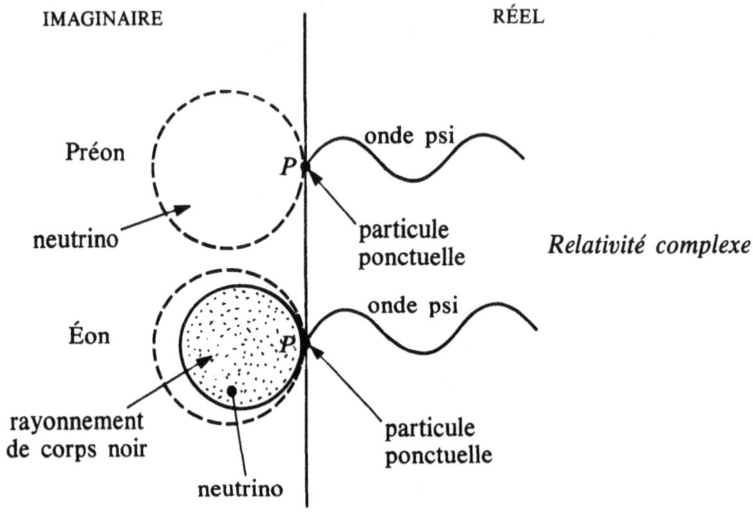

La partie éonique m_n joue une sorte de rôle «corpusculaire», tandis que la partie préonique, qui génère l'onde de phase psi se propageant dans l'espace Réel, joue le rôle d'une onde probabiliste associée à *toute* particule, quelle que soit sa masse propre m.

Nous fournissons sur la page suivante la représentation graphique de la solution purement éonique pour le micro-univers Imaginaire (graphe 1).

2. Le neutrino éonique.

Comme nous l'avons fait pour les préons (IV. 1), il nous faut maintenant vérifier qu'il peut exister une orbite quantifiée $l = YR$ satisfaisant (3-42) pour le neutrino éonique :

(3-73)
$$\frac{1}{T_0}\int_0^T \frac{Y^2 \frac{R'^2}{c^2}}{\sqrt{1+Y^2 \frac{R'^2}{c^2}}} = 1$$

SYSTÈME E

Le modèle éonique

(unités cgs)

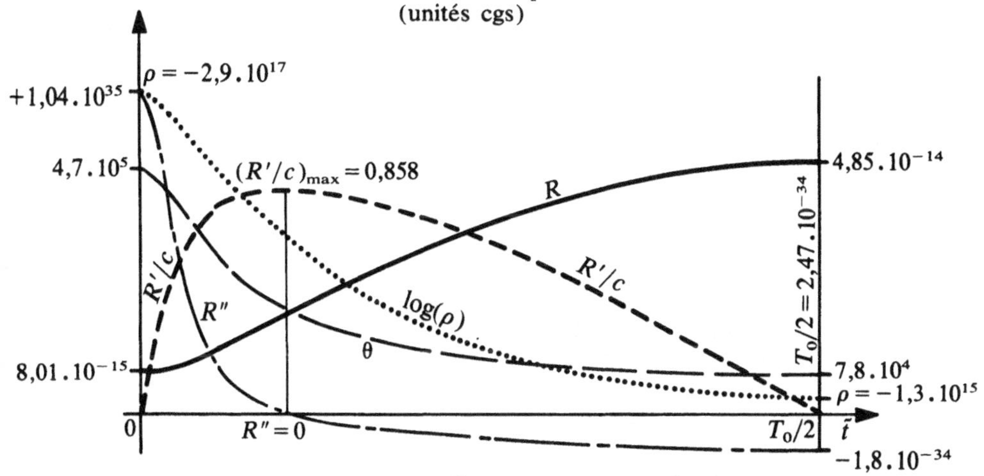

R''	$\tilde{t}=0$	$\tilde{t}=T_0/2$
R rayon	$8{,}01.10^{-15}$	$4{,}85.10^{-14}$
$R'=dR/dt$	0	0
$R'=d^2R/dt^2$	$+1{,}04.10^{35}$	$-1{,}8.10^{34}$
θ température	$4{,}7.10^{5}$	$7{,}8.10^{4}$
ρ densité	$-2{,}9.10^{17}$	$-1{,}3.10^{15}$
$\tilde{t}$ temps Imaginaire	$\tilde{t}=0$	$\tilde{t}=T_0/2=2{,}47.10^{-24}$

graphe 1

avec la condition :

(3-74) $$0 \leqslant Y \leqslant \pi$$

Le modèle éonique calcule effectivement :

(3-74-*a*) $$Y = 2{,}27$$

Il existe donc bien toujours une orbite quantifiée pour le mouvement du neutrino éonique, quel que soit la solution particulière n considérée.

3. Les leptons chargés.

La solution électriquement chargée du Système E est par conséquent valide pour un neutrino se déplaçant dans le micro-univers Imaginaire et possédant une action *totale* (spin + pulse) de $2(n+1/2)\hbar$, avec

$$n = 0, 1, 2, \ldots,$$

toutes les autres quantités entrant dans le modèle du micro-univers chargé demeurant *inchangées*.

L'énergie de ce neutrino éonique s'écrit (3-54) :

$$W_n = \overline{W}_{S_n} + \overline{W}_{P_n} = 2(n+1/2)\frac{h}{T_0} \qquad \text{(3-75)}$$

soit numériquement :

$$W_n = 2(n+1/2) \times 0{,}832 \text{ Gev} \qquad \text{(3-75-}a\text{)}$$

Rappelons que les constantes α, β et T_0 du modèle éonique ont été calculées (3-68) en supposant que les 3 premières valeurs $n = 0$, 1 et 2 de l'entier n correspondaient respectivement au positron ($n = 0$), au muon ($n = 1$) et au tau ($n = 2$). Nous généraliserons cette hypothèse en disant que *l'ensemble* des LEPTONS CHARGÉS correspond aux valeurs successives de n, *quel que soit l'entier* $n \in [0, \infty]$.

Ces leptons chargés ne sont cependant que la « trace » ponctuelle P dans le Réel du micro-univers éonique chargé, étendu dans l'espace Imaginaire, que nous avons nommé éon. Ou, exprimé d'une autre manière, nous dirons que les leptons chargés (comme toute particule dans l'Univers en Relativité complexe) comporte une partie ponctuelle dans l'espace du Réel, et une autre partie étendue dans l'espace de l'Imaginaire, cette dernière nommée éon, avec un interface ponctuel P séparant ces deux parties. Nous examinerons au chapitre IV (§ III) la relation *fondamentale* qui existe entre les leptons chargés et *les quarks*.

Le Système E (3-53) nous fournit immédiatement les masses propres des leptons chargés quel que soit $n > 0$:

$$m_n = m_1 + \frac{2(n-1)h}{c^2 T_0} = \mu + \frac{2(n-1)h}{c^2 T_0} \qquad (n = 1,2\ldots) \qquad \text{(3-76)}$$

en rappelant que, pour $n = 0$, la masse propre m_0 est celle du *positron*. Les antiparticules correspondantes possèdent, comme nous l'avons vu, les mêmes masses propres m_n mais *changées de signe*.

Pour chaque masse m_n correspond une *courbure riemannienne scalaire* R_n dans le Réel, c'est-à-dire aussi une densité propre ρ_n dans l'espace Réel ($R = \xi^2 \rho_n + 4\Lambda$). Nous avons donc aussi :

$$\rho_n = \frac{m_n}{\Omega_0} \qquad \text{(3-77)}$$

En d'autres termes, nous pouvons dire qu'à toute densité particulière ρ_n de l'espace Réel (et à ces densités particulières ρ_n *seulement*) est associé dans l'espace Imaginaire *un micro-univers chargé* (éon).

Anticipant sur l'analyse numérique du Système H (chapitre IV, structures hadroniques), nous verrons alors que la densité propre dans une structure localisée compacte (hadron) de l'espace Réel n'est pas infinie : cette densité est *maximum au centre* de la structure et *n'excède jamais :*

(3-78) $$\rho_{0H} = 5{,}81 . 10^{17} \text{ g/cm}^3$$

(3-76), (3-77) et (3-78) permettent de calculer les densités successives des leptons chargés susceptibles de prendre place dans une structure hadronique :

n	*nom*	*masse* (g)	*densité* au point P du Réel (g/cm³)
0	positron	$9{,}11 . 10^{-28}$	$3{,}73 . 10^{13}$
1	muon	$1{,}89 . 10^{-25}$	$7{,}78 . 10^{15}$
2	tau	$3{,}18 . 10^{-24}$	$1{,}30 . 10^{17}$
3	m_3	$6{,}18 . 10^{-24}$	$2{,}53 . 10^{17}$
4	m_4	$9{,}18 . 10^{-24}$	$3{,}76 . 10^{17}$
5	m_5	$12{,}18 . 10^{-24}$	$4{,}99 . 10^{17}$
6	m_6	$15{,}18 . 10^{-24}$	$6{,}22 . 10^{17}$

Nous avons arrêté le tableau juste *au-delà* de la densité centrale hadronique donnée par (3-78). Il existerait ainsi six « niveaux » successifs de leptons chargés pouvant figurer dans une structure hadronique : on pressent déjà ici les six niveaux de *quarks* (u, d, c, s, b, t) qui vont prendre place dans le hadron (chapitre IV), et la profonde *parenté* entre les quarks et les leptons chargés.

VII. L'INTERACTION ÉLECTROMAGNÉTIQUE

1. Le signe de la charge électrique élémentaire.

En Relativité complexe l'interaction électromagnétique entre deux particules chargées est représentée comme un *échange de photons virtuels* entre les rayonnements noirs enfermés dans chacun des micro-univers Imaginaires chargés (éons), compléments Imaginaires de la partie ponctuelle en espace Réel des particules interagissantes.

Rappelons (3-30) que la densité d'énergie D_E du rayonnement noir enfermé dans le micro-univers éonique s'écrit, en fonction du rayon spatial $R(\tau)$:

(3-80) $$D_E = \pm \frac{\beta c^2}{R^4} = a\theta^4$$

ce qui représente une variation *adiabatique* de la température θ de l'espace éonique quand varie $R(\tau)$.

Le modèle éonique a calculé (3-68) pour β :

(3-81) $$\beta = \pm 1{,}74 . 10^{-39} \text{ g} \times \text{cm}$$

le signe − concernant les particules, le signe + les antiparticules (sauf pour l'éon le plus léger, où c'est le positron positif, et non l'électron négatif, qui, en Relativité complexe, s'avère représenter la matière, chapitre III, § III. 3-2).

Nous admettons donc l'existence de deux signes possibles pour la densité d'énergie des rayonnements noirs éoniques, la densité D_E *négative* se rapportant à un rayonnement noir composé d'*antiphotons*. Le signe des densités d'énergie D_E ne distingue pas seulement les photons des antiphotons, mais encore le signe (attraction ou répulsion) de l'interaction entre les deux particules chargées considérées : deux densités de même signe provoquent une *répulsion*, deux densités de signes opposés provoquent une *attraction*.

2. Fréquence minimum des photons éoniques.

La longueur d'onde λ de chaque photon éonique ne doit pas être *plus grande* que la « plus grande distance » $L = 2\pi R(\tau)$ dans l'espace éonique à chaque instant τ :

(3-82) $$\lambda_{\max} = \frac{c}{\nu_l} \leqslant 2\pi R(\tau)$$

On doit donc avoir, à chaque instant τ, pour la fréquence ν des photons éoniques :

(3-84) $$\nu \geqslant \nu_l = \frac{c}{2\pi R(\tau)} \qquad (\forall \tau)$$

3. Calcul de la charge élémentaire *e*.

Nous en venons maintenant au calcul numérique de la charge e, en utilisant le modèle éonique pour l'interaction électrostatique.

Considérons deux micro-univers éoniques dont les « traces » respectives A et B dans le Réel sont séparées, dans cet espace du Réel, par une distance r.

Soit $n_\nu \, d\nu$ le nombre de photons par unité de volume ayant une fréquence comprise entre ν et $\nu + d\nu$ dans le rayonnement noir éonique à température θ. Soit R le rayon spatial de l'éon à l'instant τ, pour un observateur « euclidien » situé au centre de masse de A et B et considérant les micro-univers éoniques « de l'extérieur » (c'est-à-dire depuis un espace euclidien) : cet observateur évalue donc à $\frac{4}{3}\pi R^3$ (et non $2\pi^2 R^3$) le volume de chaque micro-univers éonique A et B.

Ce même observateur calcule, pour le nombre de photons de fréquences comprises entre ν et $\nu + d\nu$ dans l'éon :

$$\frac{4}{3}\pi R^3 n_\nu \, d\nu \tag{3-85}$$

Le nombre de photons de l'éon A capables de faire un échange d'impulsion *linéaire* (pas de moment angulaire) avec l'éon B est :

$$\frac{4}{3}\pi R^3 n_\nu \, d\nu \frac{kR^2}{4\pi r^2} \tag{3-86}$$

où $\sigma = kR^2$ est la « section efficace » pour cette interaction et k un coefficient numérique que nous allons maintenant évaluer. L'interaction d'échange de photons virtuels prend place à l'intérieur d'un angle solide

$$\frac{kR^2}{4\pi r^2} \tag{3-87}$$

Pour r variant entre $r - R$ et r on calcule une section efficace « moyenne » $\bar{\sigma}$:

$$\bar{\sigma} = \pi R^2 \frac{2}{\pi}\int_0^{\frac{\pi}{2}} \sin^2 \alpha \, d\alpha = \frac{\pi R^2}{2} \tag{3-88}$$

et dans (3-87) :

$$k = \frac{\pi}{2}. \tag{3-89}$$

La force $F_{\nu R}$ appliquée à l'éon A (ou B) dans le référentiel du centre de masse (dans l'espace du Réel) pour l'échange total de photons virtuels de fréquences comprises entre ν et $\nu + d\nu$, et pendant une durée $2/\nu$, est :

$$F_{\nu R} = \frac{4}{3}\pi R^3 n_\nu \, d\nu \frac{R^2}{8r^2}\frac{2h\nu}{c}\frac{\nu}{2} \tag{3-90}$$

et pour le spectre complet de fréquences ν, à température θ :

$$F_R = \frac{\pi}{6}\frac{h}{c}\frac{1}{r^2} R^5 \int_{\nu_l}^{\infty} n_\nu \nu^2 \, d\nu \tag{3-91}$$

où ν_l désigne la fréquence minimum limite calculée par (3-82).

$$\nu_l = \frac{c}{2\pi R}. \tag{3-92}$$

Finalement la force moyenne $\bar{F}$, pour R variant sur toutes ses valeurs possibles au cours d'une période T_0 de la pulsation éonique, est :

$$\bar{F} = \frac{1}{T_0}\int_0^{T_0} F_R \, d\tau = \frac{\pi}{6}\frac{h}{c}\frac{1}{r^2}\frac{1}{T_0}\int_0^{T_0}\int_{\nu_l}^{\infty} R^5 n_\nu \nu^2 \, d\tau \, d\nu \tag{3-93}$$

La distribution de Planck pour le rayonnement noir est :

$$n_\nu d_\nu = \frac{8\pi\nu^2}{c^3} \frac{1}{e^{h\nu/K\theta} - 1} d\nu \tag{3-94}$$

où K désigne la constante de Boltzmann.

Utilisant la relation (3-80) fournissant la densité d'énergie D_E du rayonnement noir électromagnétique :

$$D_E = \pm \frac{\beta c^2}{R^4} = a\theta^4 \tag{3-95}$$

et posant :

$$\frac{h\nu}{K\theta} = x \tag{3-96}$$

on calcule avec (3-92), où β est *négatif :*

$$\frac{h\nu_l}{K\theta} = x_l = \frac{hc}{2\pi K} \left(\frac{a}{-\beta c^2}\right)^{\frac{1}{4}} \tag{3-97}$$

relation qui est *indépendante de R.*

En utilisant maintenant la relation bien connue ⟨10⟩ :

$$K = \left(\frac{15ac^3h^3}{8\pi^5}\right)^{\frac{1}{4}} \tag{3-98}$$

et la valeur (3-68) obtenue pour β dans la solution unique du modèle éonique :

$$\beta = -1{,}74 . 10^{-39} \text{ g} \times \text{cm} \tag{3-99}$$

on calcule pour (3-96) :

$$\frac{h\nu_l}{K\theta} = \left(\frac{\pi h}{-30c\beta}\right)^{\frac{1}{4}} = x_l = 1{,}91 \tag{3-100}$$

et (3-93) devient :

$$\overline{F} = \frac{4\pi^2}{3} \frac{1}{h^4c^4} \frac{K^5}{r^2} \frac{1}{T_0} \int_0^{T_0} R^5\theta^5 \int_{1,91}^{\infty} \frac{x^4}{e^x - 1} dx\, d\tau \tag{3-101}$$

La définition (3-80) de β donne :

$$R^5\theta^5 = \left(\frac{-\beta c^2}{a}\right)^{\frac{5}{4}} = \left(\frac{hc\gamma}{a}\right)^{\frac{5}{4}} \tag{3-102}$$

où nous avons posé :

$$\gamma = -\frac{c\beta}{h} = 7{,}72 . 10^{-3} \text{ cgs.} \tag{3-103}$$

Avec (3-98), la force moyenne $\overline{F}$ donnée par (3-93) s'écrit :

$$\overline{F} = \frac{8\pi^3}{3} \frac{c\hbar}{r^2} \left(\frac{15\gamma}{8\pi^5}\right)^{\frac{5}{4}} \int_{1,91}^{\infty} \frac{x^4}{e^x - 1} dx = \frac{e^2}{r^2} \tag{3-104}$$

On calcule numériquement :

$$\int_{1,91}^{\infty} \frac{x^4}{e^x - 1}\, dx = 23{,}46 \tag{3-105}$$

et (3-104) donne alors :

$$\frac{e^2}{\hbar c} = \frac{8\pi^3}{3}\left(\frac{15\gamma}{8\pi^5}\right)^{\frac{5}{4}} \times 23{,}46 = 7{,}60.10^{-3} \tag{3-106}$$

que nous pouvons comparer avec la valeur obtenue *expérimentalement :*

$$\left(\frac{e^2}{\hbar c}\right)_{\text{exp}} = \frac{1}{137} = 7{,}30.10^{-3} \tag{3-107}$$

Par conséquent, le Système E utilisé pour la représentation du micro-univers Imaginaire éonique fournit la valeur expérimentale de *la charge électrique élémentaire e à 1,9 pour cent près :*

$$\begin{cases} \text{Système } E : & e = 4{,}89.10^{-10} \text{ cgs} - e \\ \text{Observé :} & e = 4{,}80.10^{-10} \text{ cgs} - e \end{cases} \tag{3-108}$$

4. Estimation de l'excentricité de l'espace éonique.

Nous pouvons admettre que la petite différence que nous venons de constater entre la valeur expérimentale de la charge électrique élémentaire e et la valeur de e calculée au moyen du modèle éonique Imaginaire provient du fait que, dans le modèle éonique, nous nous sommes limités à la symétrie *sphérique,* alors que plus généralement (spin éonique) nous aurions dû choisir une symétrie *axiale,* admettant la possibilité d'une *excentricité E* de l'espace éonique.

Soit r le petit demi-axe et R le grand demi-axe du modèle éonique accepté comme un sphéroïde aplati. L'excentricité E est définie par :

$$k = \frac{r}{R} = (1 - E^2)^{\frac{1}{2}} \tag{3-109}$$

Dans le calcul qui précède (§ 3) de la charge électrique e nous devons maintenant changer la valeur $\bar{\sigma} = \pi R^2/2$ de la section efficace électrostatique (3-88) afin de tenir compte de l'excentricité E; la nouvelle section efficace s'écrit :

$$\bar{\sigma} = \frac{\pi R^2}{2}(1 - E^2)^{\frac{1}{2}} = \frac{r}{R}\,\frac{\pi R^2}{2} = \frac{\pi r R}{2} \tag{3-110}$$

et le même calcul que ci-dessus, utilisant cette nouvelle section efficace (3-110), fournit alors la valeur expérimentale *exacte* de la charge e pour :

$$\frac{r}{R} = 0{,}933 \tag{3-111}$$

c'est-à-dire une excentricité E de :

$$E = 0{,}36 \tag{3-112}$$

5. Unicité et saturation de la charge électrique élémentaire *e*.

Les deux remarques suivantes doivent être faites en ce qui concerne la charge électrique élémentaire *e* :

a) *e* est *le même* pour *toutes* les structures éoniques, quelle que soit la masse quantifiée de l'éon considéré (électron, muon, tau...).

b) Cependant on peut pressentir la possibilité d'un effet de *saturation* de l'interaction électrostatique quand deux éons, dont les « traces » ponctuelles *A* et *B* dans l'espace du Réel sont séparées dans cet espace par une distance *r*, deviennent tels que :

$$r \leq 2l_0$$

où l_0 désigne la longueur élémentaire.

Cette « saturation » est due au fait que, pour de courtes distances *r* entre *A* et *B*, une très grande part des photons éoniques sont *simultanément* et *continuellement* impliqués dans un échange d'impulsions linéaires, et ne peuvent donc plus être impliqués dans une interaction électrostatique avec un troisième éon *C* à très courte distance; et, a fortiori, une interaction électrostatique avec un quatrième éon *D* très proche... et ainsi de suite. Il se produit donc une sorte de « saturation » de l'interaction électrostatique, qui rappelle par certains aspects le phénomène de saturation que l'on observe pour l'interaction *forte.*

Dans la pratique, nous verrons que les *quarks* sont des leptons chargés enfermés dans le volume hadronique, c'est-à-dire des particules *toutes* situées à des distances l'une de l'autre *inférieures à* $2l_0$ dans l'espace du Réel (3-49). C'est donc là un lieu privilégié où doit s'opérer la saturation électrostatique dont nous venons de faire mention. Mais nous devons aussi tenir compte de la *conservation* de la charge électrique *totale,* qui doit rester nulle à tout instant à l'échelle de l'Univers cosmologique dans son ensemble. Un nucléon (proton ou neutron), par exemple, ne peut avoir comme charge électrique totale que 0 ou 1; et si cette charge totale est produite par trois leptons chargés enfermés dans les limites nucléoniques, la saturation électrostatique ne pourra conduire qu'à trois charges leptoniques de +1/3, ou encore deux de +2/3 et une de −1/3 (proton); ou deux charges de +1/3 et une de −2/3 (neutron). On voit ainsi apparaître les charges « fractionnaires » ⟨1⟩ de 1/3 et 2/3, qui joueront un rôle fondamental dans la théorie des quarks (chapitre IV).

6. Création de photons et de neutrinos par les micro-univers Imaginaires.

La création de photons se propageant *individuellement* dans l'espace du Réel, et générés par un éon dont la « trace » *P* possède un mouvement *accéléré* dans l'espace du Réel, est représentée en s'appuyant sur les mêmes principes que ceux que nous avons proposés dans l'interaction électrostatique. La conservation de l'impulsion-énergie à l'échelle de l'Univers dans son ensemble fait qu'une impulsion-énergie éonique compensatrice doit être créée dès que des photons enfermés dans une structure éonique subissent une accélération : et cette impulsion-énergie « de compensation », assurant la conservation de l'impulsion-énergie, est portée par des photons individuels dont les traces ponctuelles se propagent dans l'espace du Réel.

Il est clair que, ce qui est vrai des photons éoniques accélérés, est aussi vrai des neutrinos éoniques accélérés : avec ici création de neutrinos individuels dont les « traces » se propagent dans l'espace du Réel.

VIII. LES INTERACTIONS FAIBLES

1. Le boson vecteur intermédiaire d'une interaction faible.

L'interaction faible est, selon la Relativité complexe, un échange d'impulsion entre le neutrino possédant son mouvement de spin et de pulse dans l'espace d'un micro-univers éonique ou préonique et un neutrino appartenant lui-même à un autre micro-univers éonique ou préonique. L'interaction faible, comme l'interaction électromagnétique, est donc un échange d'impulsions. Mais l'interaction faible :
— remplace les photons par des neutrinos,
— remplace l'impulsion linéaire par un moment angulaire.

Au moment de l'échange d'impulsion les deux particules en interaction doivent donc être *voisines* l'une de l'autre, formant un nouveau système particulaire formé de deux neutrinos en rotation l'un autour de l'autre, et donc de spin total *entier*. Cet état de spin entier n'a qu'une très brève durée de vie, il se désintègre rapidement en ses composants. On nomme cet état (si instable qu'on peut le qualifier de *virtuel*), le *boson vecteur intermédiaire*. Le processus des interactions faibles peut être illustré par la conversion d'un muon en électron, tel qu'il peut être figuré dans un diagramme de Feynmann :

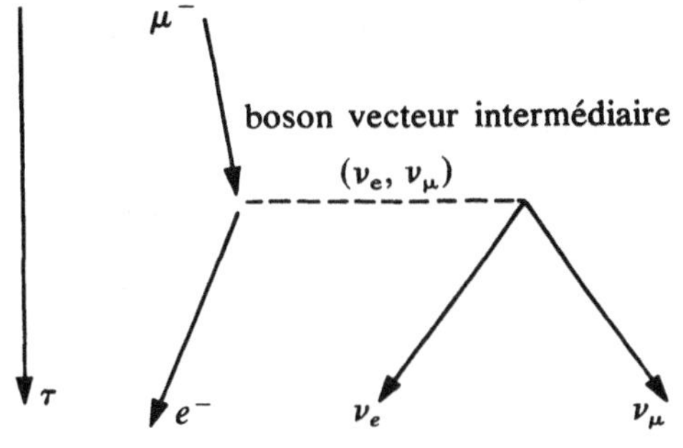

On voit que la conversion fait appel à la formation intermédiaire d'un boson vecteur (ν_e, ν_μ), de spin total 1, qui se désintègre immédiatement en ses constituants, les deux neutrinos ν_e et ν_μ. On écrit :

$$\mu^- \longrightarrow e^- + (\nu_e, \nu_\mu) \longrightarrow e^- + \nu_e + \nu_\mu. \tag{3-115}$$

Notons que l'électron possède, en Relativité complexe, un spin $-1/2$ (antimatière, § III. 3-2), et le μ^- un spin $+1/2$ (matière).

On voit la parenté entre interaction électromagnétique et interaction faible : dans les deux cas l'interaction est « portée » par une particule *virtuelle* (simple état virtuel intermédiaire) de spin entier (boson). Ces deux types d'interactions, qui procèdent selon des principes analogues, peuvent donc plus généralement être dits constituer les *interactions électrofaibles.*

2. Interaction faible et interaction de couleur.

Nous examinerons au chapitre IV qui suit des interactions portées par des *paires quark/antiquark,* qu'on veut parfois assimiler à des interactions faibles. La Relativité complexe n'encourage pas une telle « extension » de la notion d'interaction faible.

Il est vrai que les quarks ont, comme nous le verrons, une grande parenté avec les leptons chargés, qui se caractérisent eux-mêmes, comme nous venons de le voir, par les interactions *électrofaibles* (électromagnétiques et faibles). Mais les interactions portées par les paires quark/antiquark (ou quarkonium), habituellement nommées *interactions de couleur,* ne font pas intervenir explicitement les neutrinos, et leur association en boson vecteur intermédiaire, que nous avons vu former la caractéristique essentielle de l'interaction faible. Il est vrai encore, et le chapitre IV nous l'expliquera, que l'interaction de couleur est également portée par un boson vecteur (spin entier), mais celui-ci est constitué par une paire de quarks (et non une paire de neutrinos), c'est-à-dire que sa désintégration va comporter des constituants *électriquement chargés;* et, d'autre part, les interactions de couleur font souvent intervenir des énergies *beaucoup plus élevées* (de l'ordre de 50 Gev et plus) que les interactions faibles neutriniennes que nous avons définies plus haut (énergies de l'ordre du Gev).

En fait, les interactions de couleur, qui comme nous allons le voir décrivent les transitions quantiques possibles entre les niveaux de quarks à l'intérieur des structures *hadroniques* (chromodynamique quantique), rappellent sans doute plus les transitions électroniques *dans l'atome* et l'électrodynamique quantique que les transitions entre leptons chargés, qui représentent l'essentiel des interactions *faibles.*

Nous reviendrons plus en détail sur les interactions de couleur au chapitre suivant.

CHAPITRE IV

LES HADRONS ET LES INTERACTIONS DE COULEUR ET GRAVITOFORTES

I. LES COURBURES LOCALES DU RÉEL ET LE SYSTÈME *H*

1. Généralités et principes.

Dans le présent chapitre, nous nous intéressons aux équations fournissant les Formes du Réel, au niveau *microscopique* (modèle hadronique, Système *H*). Dans le chapitre V qui suit nous rechercherons les équations de l'espace du Réel *dans son ensemble* (modèle cosmologique, Système *C*).

Rappelons d'abord que la Relativité complexe suppose que le Réel est fait de structures *ponctuelles P*, chaque point *P* étant la « trace » dans le Réel d'une structure *étendue M* (préon ou éon) localisée dans l'espace Imaginaire. Toute l'impulsion-énergie ou toute l'action associée à chaque point *P* du Réel est située et représentée dans cette partie Imaginaire *M* de la structure *complète* au point *P*, comprenant le point *P* du Réel et le micro-univers Imaginaire *M* adjoint au point *P*.

Cependant, les *Formes* du Réel ne sont pas constituées seulement de points « individualisés » *P*, ni même d'un ensemble infini *dénombrable* de tels points *P*, mais d'un ensemble infini *continu* de tels points *P*. Ces points *P*, générant une Forme par *leur ensemble,* sont groupés d'une manière compacte et continue (pas de « trou »), et définissent ainsi une courbure riemannienne scalaire locale R (en chaque point P de la Forme), courbure elle-même équivalente à une densité propre ρ en P (ou une densité d'énergie propre ρc^2), avec :

$$R = \xi^2\rho^2 + 4\Lambda \tag{4-0}$$

Nous allons montrer que les équations de l'espace du Réel (Système H, pour le microscopique, Système C pour le Réel dans sa totalité) démontrent que les ensembles infinis continus de points P (Formes) « se modélisent » selon *deux types de Formes stables et deux types seulement,* le holon et l'Univers cosmologique dans son ensemble.

1.1. Le holon.

Le nom HOLON désigne, en Relativité complexe, une forte courbure « localisée, compacte et refermée sur elle-même », délimitant dans le Réel une Forme individuelle, grossièrement sphérique (sphéroïde aplati), comportant une courbure (densité propre) maximum en son centre et une courbure minimum (densité propre nulle) à sa périphérie, cette Forme possédant en outre une pulsation radiale, quantifiée à une action demi-entière.

La période de pulsation radiale T_H des holons est *la même* que la période caractéristique (et unique) T_0 des structures éoniques de l'Imaginaire (chapitre III). Les calculs vont montrer que les holons possèdent *six niveaux* $n = 0$ à 5 de densité propre ρ_n, entre leur périphérie et leur centre; sur ces six niveaux doivent donc en principe exister (étendues dans l'Imaginaire) des structures *éoniques;* et, de fait, nous vérifierons que peuvent bien prendre place, à l'intérieur du volume du holon, les éons des *six premières valeurs* ρ_n de densité propre : à cela près cependant que des effets de « saturation » électrostatique (chapitre III, § V. 5) conduisent sur ces six niveaux holoniques à des structures éoniques *à charges électriques fractionnaires* (1/3 ou 2/3), structures éoniques alors nommées QUARKS. La conservation de la charge électrique pour le holon dans son ensemble entraîne que, sur chacun des niveaux holoniques, prend place un couple quark/antiquark, en rotation l'un autour de l'autre sur le niveau considéré. Cependant, comme nous le constaterons, sur le niveau d'énergie *la plus basse* ($n = 0$), se localisent trois quarks « immobiles » (et non une paire quark/antiquark en rotation, comme sur les niveaux de $n > 0$).

Le volume holonique contient non seulement les 6 niveaux de quarks dont nous venons de faire mention, mais aussi un ensemble infini continu de *préons,* chacun d'eux étant caractérisé par la densité propre locale holonique $\rho \in [0, \rho_0]$ (ρ_0 = densité propre centrale du holon). L'ensemble infini continu des préons, comme nous l'avons vu (chapitre III, § V. 2), se répartit *en paires* préon/antipréon, ou GLUONS. Les gluons sont responsables de la courbure riemannienne scalaire (Forme) de l'espace Réel composant la structure du holon; ceci signifie encore que les gluons « portent » ce que nous appellerons plus loin *l'interaction forte,* qui prend place quand deux holons sont séparés par une distance inférieure à deux fois leur rayon.

Nous constaterons aussi que *l'interaction forte* est responsable de la plus grande part du mouvement géodésique de rotation de la paire quark/antiquark sur le niveau holonique qui est le sien (une petite part de ce mouvement géodésique étant due à l'attraction *électrostatique* quark/antiquark).

Les quarks peuvent effectuer des « transitions » quantiques d'un niveau holonique à un autre, en changeant simultanément leur masse propre et l'énergie associée à leur mouvement de rotation, ces deux facteurs augmentant (en valeur absolue) quand les quarks « transitent » vers un niveau plus rapproché du centre du holon. Ces transitions des quarks à l'intérieur du volume holonique sont appelées *interactions de couleur,* et étudiées par la *chromodynamique quantique.* La chromodynamique quantique présente de grandes analogies avec l'électrodynamique quantique, dans laquelle on étudie les transitions quantiques des électrons atomiques entre les niveaux atomiques; en chromodynamique la « couleur » (qui, comme nous venons de le voir, est une forme de l'interaction *forte*) vient (principalement) jouer le rôle de la charge électrique en électrodynamique. Nous verrons aussi que ces transitions « de couleur » produisent une énergie quantifiée sous la forme de particules de *spin entier* à très courte durée de vie, que l'on appelle généralement *bosons vecteurs intermédiaires* (cette terminologie risquant cependant d'introduire une confusion avec les bosons vecteurs « virtuels », formés d'une paire de neutrinos, et produits dans les transitions éoniques des interactions *faibles,* chapitre III, § VIII. 1). En électrodynamique quantique ce sont *les photons* qui jouent le rôle des bosons vecteurs en chromodynamique quantique.

Finalement, ne quittons pas ces généralités sur les holons sans mentionner le *potentiel gravitationnel* du holon, qui comme nous le verrons est généré par la *pulsation radiale de la frontière holonique,* créant ainsi dans l'espace extérieur du Réel une *onde de densité* (dont l'amplitude *au carré* est une onde de courbure riemannienne). L'amplitude de cette onde de courbure décroît à son tour comme le carré de la distance à l'holon émetteur, et les équations du Système *H* vérifieront numériquement qu'il s'agit bien là du champ de force gravitationnel généré dans l'espace qui l'entoure par chaque structure hadronique.

Les interactions gravitationnelles sont portées, dans l'Imaginaire, par des paires préon/antipréon, possédant (en valeur absolue) la densité propre locale du Réel. Ces couples suivent dans le Réel les géodésiques de la métrique gravitationnelle. On a coutume de nommer GRAVITONS la partie ponctuelle dans l'espace du Réel de ces paires préon/antipréon. Il est clair qu'il y a analogie de structure entre *les gluons et les gravitons :* les premiers composent la courbure microscopique des hadrons, les seconds composent l'essentiel de la courbure macroscopique de l'Univers dans son ensemble; tous deux, gluons et gravitons, sont globalement de spin nul, et donc décrits encore une fois par les équations brogliennes « de fusion » non maxwellienne, de spin total zéro ⟨4⟩.

1.2. L'UNIVERS DANS SON ENSEMBLE.

Ce qu'on appelle le modèle cosmologique, c'est-à-dire la représentation de l'espace du Réel *dans son ensemble* (ou encore l'Univers dans son ensemble) est la seconde forme « stable » que peuvent nous fournir les équations du Réel (Système *H* pour le microscopique, Système *C* pour le macroscopique).

L'idée de base pour l'élaboration du modèle cosmologique est l'affirmation *logique* que, comme l'Univers ne peut pas être « né » de l'impulsion-énergie (sinon les principes de conservation de la Physique nous demanderaient de nous expliquer sur la forme qu'avait cette impulsion-énergie *avant* la « naissance » de l'Univers), nous devons donc « logiquement » en déduire que l'impulsion-énergie de l'Univers dans son ensemble, prenant en compte à la fois l'énergie positive et l'anti-énergie négative, est *identiquement nulle,* c'est-à-dire nulle à chaque instant de l'âge τ de l'Univers du Réel. Partant, l'action totale contenue dans l'Univers est donc également nulle, quand cette action est calculée sur une période de pulsation complète de l'Univers cosmologique.

Comme on le voit, les principes mêmes du modèle cosmologique sont intimement liés aux principes de base de la Relativité complexe, qui introduit de plain-pied dès le départ (chapitres II et III) les notions d'énergie positive et négative, la distinction entre l'âge et le temps au niveau cosmologique, et la notion nécessaire d'univers fini ($K=+1$), et donc à pulsation périodique.

Au niveau de la représentation mathématique, à la fois le modèle holonique et le modèle cosmologique utilisent une métrique de Schwarzschild en symétrie sphérique : mais le modèle holonique possède la métrique d'un espace dont la densité *décroît* du centre à la périphérie, alors que le modèle cosmologique fait l'hypothèse d'un espace *homogène et isotrope* dans l'ensemble de son volume, à chaque instant τ.

Nous considérerons séparément le modèle holonique (ce chapitre, Système *H*) et le modèle cosmologique (chapitre V, Système *C*).

2. Les équations du holon : le système *H*.

Nous avons comme objectif une structure sphérique en pulsation radiale de l'espace Réel, et nous utilisons la métrique de Schwarzschild en symétrie sphérique la plus générale, dans un référentiel espace-temps (r, ct) :

(4-1) $$ds^2 = e^{\nu}c^2\,dt^2 - r^2(d\theta^2 + \sin^2\theta\,d\varphi^2) - e^{\lambda}\,dr^2$$

Introduisant les $g_{\alpha\beta}$ de la métrique (4-1) dans les équations (2-25) de la Relativité complexe :

(4-2) $$R_{\alpha\beta}-\frac{1}{2}Rg_{\alpha\beta}+\Lambda g_{\alpha\beta}=-T_{\alpha\beta}=-\xi^2\rho^2u_\alpha u_\beta$$

où, pour les structures « compactes » du type holon, nous pouvons faire l'approximation $\Lambda=0$, nous obtenons :

(4-3) $$\begin{cases} e^{-\lambda}\left(\dfrac{\nu'}{r}+\dfrac{1}{r^2}\right)-\dfrac{1}{r^2}=-\mathbb{T}_1^1 \\ e^{-\lambda}\left(\dfrac{\lambda'}{r}-\dfrac{1}{r^2}\right)+\dfrac{1}{r^2}=\mathbb{T}_4^4 \\ \dfrac{e^{-\lambda}}{2}\left(-\dfrac{\lambda'}{r}-\dfrac{\lambda'\nu'}{2}+\nu''+\dfrac{\nu'}{r}+\dfrac{\nu'^2}{r^2}\right)=-\mathbb{T}_2^2=-\mathbb{T}_3^3 \end{cases}$$

où les primes indiquent une différenciation par rapport à r. $\mathbb{T}_\alpha^\alpha$ est le tenseur géométrique normal, qui s'écrit ici (2-61, pas de rayonnement noir) :

(4-4) $$\begin{cases} \mathbb{T}_j^j=-\dfrac{P_j^2}{\hbar^2} & (j=1,2,3) \\ \mathbb{T}_4^4=\dfrac{W^2}{c^2\hbar^2}=\xi^2\rho^2+\displaystyle\sum_{j=1}^{3}\dfrac{P_j^2}{\hbar^2} \end{cases}$$

où ρ est la densité propre, W l'énergie et P_j la composante j de l'impulsion $(j=1, 2, 3)$ en chaque point de la structure holonique.

Afin d'obtenir des équations *non dimensionnelles* nous posons :

(4-5) $$\begin{cases} \rho_{r=0}=\rho_0 \quad \rho=\rho_0\delta \quad \dfrac{P_j}{\hbar}=\xi\rho_0 p_j \quad e^{-\lambda}=1-\dfrac{2u}{r} \\ x=\xi\rho_0 r \quad l=\xi\rho_0 u \quad \tau=\xi\rho_0 ct \end{cases}$$

et les équations (4-3) s'écrivent alors :

(4-6) $$\begin{cases} e^{-\lambda}\left(\dfrac{\nu'}{x}+\dfrac{1}{x^2}\right)-\dfrac{1}{x^2}=p_1^2 \\ e^{-\lambda}\left(\dfrac{\lambda'}{x}-\dfrac{1}{x^2}\right)+\dfrac{1}{x^2}=\delta^2+\displaystyle\sum_{j=1}^{3}p_j^2 \\ \dfrac{e^{-\lambda}}{2}\left(-\dfrac{\lambda'}{x}-\dfrac{\lambda'\nu'}{2}+\nu''+\dfrac{\nu'}{x}+\dfrac{\nu'^2}{2}\right)=p_2^2=p_3^2. \end{cases}$$

Compte tenu de la symétrie sphérique nous pouvons écrire :

(4-7) $$p_1^2=p_2^2=p_3^2=p^2$$

qui tient compte à la fois du spin et du pulse du holon.

Avec (4-7) les équations (4-6) deviennent :

$$(4\text{-}8)\qquad \begin{cases} \dfrac{dp^2}{dx} = -\dfrac{(\delta^2+4p^2)(p^2x^3+2l)}{2x(x-2l)} \\ \dfrac{dl}{dx} = \dfrac{x^2}{2}(\delta^2+3p^2). \end{cases}$$

Notons que les équations (4-8) sont celles qui sont utilisées pour étudier en espace riemannien ⟨2⟩ les *étoiles super-denses,* chez lesquelles la densité centrale est de l'ordre des densités hadroniques. Cependant le terme p^2 des équations holoniques (4-8) joue, dans le cas des étoiles, le rôle de la pression p.

Nous avons besoin, dans (4-8), d'une troisième relation pour calculer les trois quantités inconnues, à savoir δ, p et l. Dans le cas des étoiles super-denses cette troisième relation est l'équation d'état, reliant δ et p en chaque point. Pour le holon cette troisième relation fournit la *quantification* de la pulsation radiale *en chaque point* X de la structure holonique :

$$(4\text{-}9)\qquad P\Delta r = PvT_0 = \left(n+\frac{1}{2}\right)h \qquad (n=0,\ 1,\ \ldots)$$

où Δr désigne la distance radiale totale couverte par le point X pendant une période complète de pulsation $T_0 = 2\pi/\omega_0$ et v la vitesse absolue moyenne de X pendant cette période T_0.

Nous avons aussi :

$$(4\text{-}10)\qquad P^2 = \frac{\rho^2\Omega_0^2v^2}{1-v^2/c^2}$$

qui s'écrit encore :

$$(4\text{-}10\text{-}a)\qquad \rho^2 = \frac{P^2(4P^2c^2-n^2\omega_0^2\hbar^2)}{\Omega_0^2n^2c^2\omega_0^2\hbar^2}.$$

Finalement, le Système H fournissant le modèle holonique s'écrit, *en notation non dimensionnelles* (voir encadré page suivante) :

p_0 est l'impulsion au centre du holon, c'est-à-dire pour $x=0$; elle se calcule (4-10-a) comme valant :

$$(4\text{-}12)\qquad p_0^2 = \frac{n^2\omega^2}{8}\left[1+\left(1+\frac{16}{n^2\omega^2}\right)^{\frac{1}{2}}\right].$$

Comme nous l'avons indiqué ci-dessus (§ I. 1), la période T_H de pulsation radiale du holon dans l'espace du Réel est égale à la période T_0 de pulsation radiale de l'éon dans l'espace Imaginaire : ceci traduit une part du *couplage* entre l'Imaginaire et le Réel, l'autre part étant fournie par (3-49), où nous avons vu que la longueur élémentaire l_0 introduite dans le Système E était égale au rayon R_H du holon tel qu'il est calculé par le système H.

SYSTÈME H

(4-11)

$$a\begin{cases}\dfrac{dp^2}{dx}=-\dfrac{(\delta^2+4p^2)(p^2x^3+2l)}{2x(x-2l)}\\[2mm] \dfrac{dl}{dx}=\dfrac{x^2}{2}(\delta^2+3p^2)\\[2mm] \delta^2=\dfrac{p^2(4p^2+n^2\omega^2)}{n^2\omega^2}\end{cases}$$

$$e^{-\lambda}=1-\frac{2l}{x}$$

$$b\begin{cases}\dfrac{d\nu}{dx}=\dfrac{p^2x^3+2l}{x(x-2l)}\\ \delta_{x=0}=1 \quad \delta_{x=\Gamma}=0 \quad p_{x=0}=p_0\\ \lambda_{x=0}=0 \quad \lambda_{x=\Gamma}=0\\ T_H=T_0 \quad \text{(déduit du Système } E\text{)}\end{cases}$$

3. La solution du Système *H*.

Cette solution est numériquement calculée en termes de la densité propre centrale ρ_0 du holon, en faisant usage des paramètres :

(4-13)
$$\begin{cases}T_H=T_0=2\pi/\omega_0\\ \xi=\dfrac{\Omega_0 c}{\hbar}=\dfrac{4}{3}\pi l_0^3\dfrac{c}{\hbar}\end{cases}$$

qui ont été déduits du couplage (3-49) et (4-11) entre les deux Systèmes E et H.

Nous calculons maintenant les valeurs de la masse propre M_0 et du rayon R_0 qui sont solutions du système H pour chaque valeur adoptée de la densité propre centrale ρ_0 :

(4-14)
$$\begin{cases}M_0=4\pi\displaystyle\int_0^{R_0}\left(\rho^2+\frac{3p^2}{\xi^2\hbar^2}\right)^{\frac{1}{2}}r^2\,dr=\frac{4\pi}{\xi^3\rho_0^2}\int_0^x(\delta^2+3p^2)^{\frac{1}{2}}x^2\,dx\\[4mm] R_0=\displaystyle\int_0^{\Gamma}dr=\frac{x_\Gamma}{\xi\rho_0}.\end{cases}$$

La forme générale des fonctions $M_0 = M(\rho_0)$ et $R_0 = R(\rho_0)$ figure sur le graphe 2. Les calculs peuvent être effectués sur ordinateur pour des densités ρ_0 comprises entre les limites :

(4-15) $$\infty > \rho_0 > 10^{15}\ \mathrm{g/cm^3}.$$

Pour les plus petites densités ρ_0 nous sommes limités par le nombre de chiffres significatifs que l'ordinateur est capable de prendre en compte. Heureusement, pour ces petites densités, on peut calculer une solution *analytique* approchée fournissant une excellente approximation (plus ρ_0 est petit, meilleure est l'approximation) :

(4-16) $\rho_0 < 10^{15}$ g/cm³
$$\begin{cases} M_0 = \sqrt{\dfrac{2}{3}}\,\dfrac{\xi^2 c^5 T_0^5}{\pi^4}\,\rho_0^3 = 2{,}75\,.\,10^{-73}\ \rho_0\ \mathrm{g}. \\[2ex] R_0 = \dfrac{\xi c^2 T_0^2}{\sqrt{2}\pi^2}\,\rho_0 = 1{,}07\,.\,10^{-30}\ \rho_0\ \mathrm{cm}. \end{cases}$$

SYSTÈME H

Masse M_0 et rayon R_0
en termes de la densité
centrale ρ_0
(unités cgs)

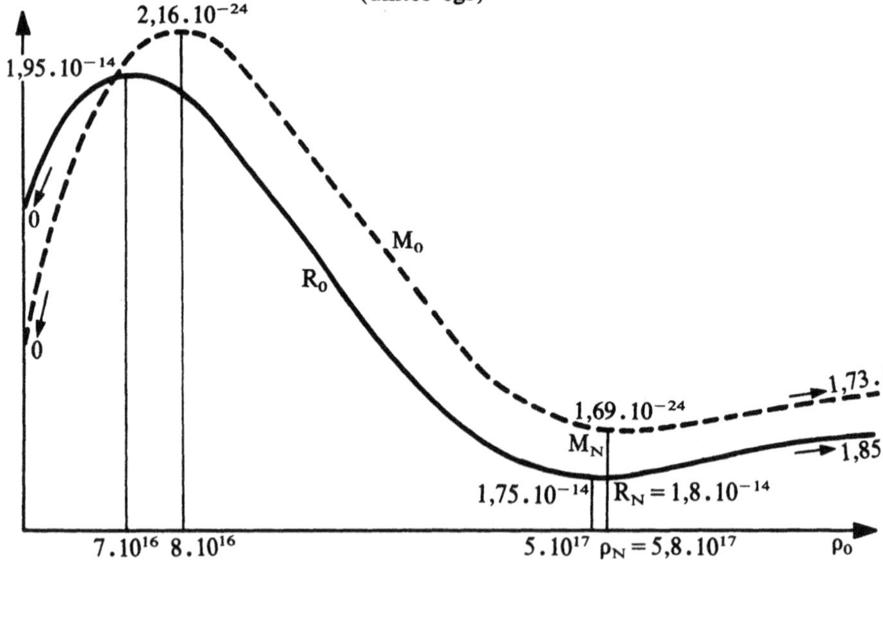

graphe 2

II. LA SOLUTION MICROSCOPIQUE STABLE UNIQUE DE L'ESPACE RÉEL : LE HOLON

L'analyse des résultats numériques rassemblés dans le graphe 2 fait apparaître un certain nombre d'aspects importants en rapport avec la solution du Système *H*.

1. Le nucléon.

La courbe représentative de $M_0 = M(\rho_0)$ du graphe 2 présente un minimum (non nul) très accentué pour une valeur particulière unique M_H de la masse propre :

$$(4\text{-}17) \qquad \begin{cases} M_H = 1{,}69 . 10^{24} \text{ g} \\ R_H = 1{,}8 . 10^{-14} \text{ cm} \\ \rho_H = 5{,}8 . 10^{17} \text{ g/cm}^3; \end{cases}$$

• *pour de plus petites densités que* ρ_H, la masse M_0 et le rayon R_0 commencent par augmenter jusqu'à une masse maximum :

$$(4\text{-}17\text{-}a) \qquad M_{0\,\max} = 2{,}16 . 10^{-24} \text{ g} \qquad (\text{pour } \rho_0 = 8 . 10^{16} \text{ g/cm}^3)$$

et un rayon maximum :

$$(4\text{-}17\text{-}b) \qquad R_{0\,\max} = 1{,}95 . 10^{-14} \text{ cm} \qquad (\text{pour } \rho_0 = 7 . 10^{16} \text{ g/cm}^3).$$

Pour des densités propres ρ_0 encore plus petites, M_0 et R_0 décroissent tous deux rapidement de manière uniforme (relation 4-16), jusqu'à tendre vers $M_0 = 0$ et $R_0 = 0$ pour $\rho_0 = 0$.

• *Pour de plus grandes densités que* ρ_H, M_0 et R_0 croissent lentement; en faisant apparaître tous deux de *légères oscillations* d'amplitudes décroissantes, et tendent finalement et asymptotiquement vers des valeurs limites finies pour $\rho_0 = \infty$:

$$(4\text{-}17\text{-}c) \qquad \left.\begin{cases} M_0 \longrightarrow 1{,}73 . 10^{-24} \text{ g} \\ R_0 \longrightarrow 1{,}85 . 10^{-14} \text{ cm} \end{cases}\right\} \quad \text{pour } \rho_0 \longrightarrow \infty$$

On remarquera que *le même type* de variation de M_0 et R_0 a été obtenu pour les masses M_0 et les rayons R_0 des *étoiles super-denses* ⟨2⟩, notamment *les oscillations* de ces grandeurs pour de fortes densités centrales ρ_0.

La fonction solution $M_0 = M(\rho_0)$ suggère l'existence d'une *masse stable unique* M_H, comportant les spécifications données par (4-17). Les oscillations de $M_0 = M(\rho_0)$ pour les densités centrales plus grandes que ρ_H suggèrent peut-être également la possibilité de masses pseudo-stables, à courtes durées de vie. Le *maximum* de M_0, pour une densité centrale *plus petite* que ρ_H, suggère enfin dans cette région une autre masse pseudo-stable isolée (4-17-*a*).

Nous nommons HOLON la Forme du Réel matérialisée par la courbure scalaire riemannienne de l'espace Réel correspondant à la densité propre centrale ρ_H, un rayon R_H et une masse propre M_H, tels que calculés par (4-17) ci-dessus.

Nous remarquons que la masse propre du holon est *la masse propre expérimentale du nucléon,* avec une approximation meilleure que 1 %. L'unicité de cette Forme nucléonique paraît démontrer qu'il s'agit là de la *Forme microscopique fondamentale* de l'espace du Réel. Cette Forme possède, comme nous l'avons vu, un spin et une pulsation quantifiés l'un et l'autre à une action demi-entière.

2. La solution *ponctuelle :* neutrinos et leurs « composés » (photons, gluons, gravitons, bosons vecteurs...).

Il est important de mentionner que la *masse propre zéro* est *également* une solution « stable » des équations du Réel, comme on le lit sur le graphe 2. Cependant cette masse propre zéro, qui possède d'ailleurs également un rayon *nul* R_0, n'est pas vraiment une « Forme » dans le sens habituel, puisqu'il s'agit d'une structure *ponctuelle.* Une telle solution stable ponctuelle des équations du Réel justifie cependant la présence dans cet espace du Réel de neutrinos *individuels,* et de tous leurs composés stables (également ponctuels), tels que les photons (paire de neutrinos), les gluons et gravitons (paire neutrino/antineutrino), les bosons « faibles » (par exemple ν_e/ν_μ).

3. La structure holonique.

Le graphe 3 fournit les caractéristiques principales de la structure holonique, quand on l'analyse depuis le centre du holon à $r = 0$ (où nous trouvons la densité propre maximum ρ_0), jusqu'à la frontière $r = \Gamma$, où la densité propre ρ est nulle.

Le graphe 3 a été calculé pour la solution *nucléonique* stable ($\rho_0 = \rho_H$). Toutes les indications numériques figurant sur ce graphe 3 sont *non dimensionnelles.*

SYSTÈME H

Le modèle holonique

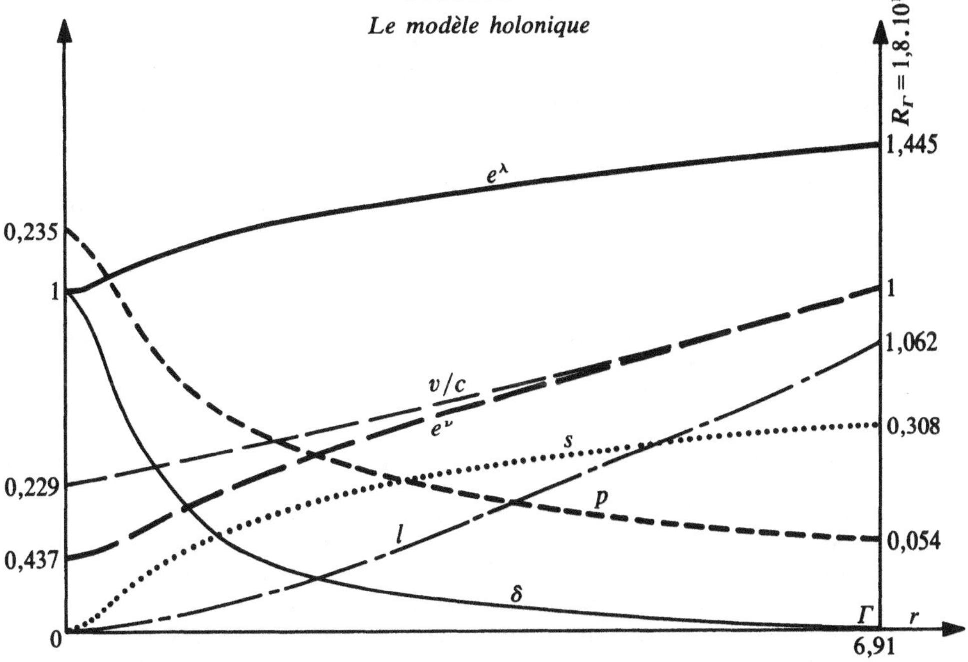

$d_0 = 5{,}8.10^{17}$ g/cm^3 (densité centrale)
$\xi = 6{,}8.10^{-4}$ cgs
$\delta = d/d_0 =$ densité
$v/c =$ vitesse radiale
$p =$ impulsion radiale

$2l =$ rayon de Schwarzschild
$s = 2l/r$
$ds^2 = e^\nu c^2\, dt^2 - r^2(d\theta^2 + \sin^2\theta\, d\varphi^2) - e^\lambda\, dr^2$

unités non-dimensionnelles.

graphe 3

REMARQUES.

a) Il est particulièrement intéressant d'observer que la vitesse radiale v de la frontière Γ, où par définition la densité propre ρ est nulle, est égale à *la vitesse de la lumière c.*

b) D'autre part, le rapport $s = 2l/r$ entre le rayon de Schwarzschild $2l$ et la distance r au centre du holon *est toujours plus petit que l'unité,* quel que soit r. En fait, les calculs effectués pour différentes densités propres centrales ρ_0 ont montré que le résultat précédent reste vrai *quelle que soit la densité centrale* ρ_0 *:*

(4-17-*d*)
$$s = \frac{2l}{r} < 1 \qquad \forall \rho_0 \in [0, \infty]$$

Cela démontre qu'une solution du Système *H* pour l'espace du Réel *ne peut jamais être un «trou noir»,* qui se caractérise précisément par $2l/r = 1$ sur la frontière du trou noir. Ceci resterait vrai même pour une densité centrale ρ_0 *infinie.*

4. La pulsation radiale du nucléon.

Le rayon R_H du holon est, comme nous l'avons précisé, *en pulsation;* et nous venons de noter que la vitesse radiale de la frontière Γ du holon (où la densité propre ρ est nulle) est égale à la vitesse de la lumière c :

(4-17-*e*) $$V_\Gamma = \pm c$$

R_H calculé par (4-17) ci-dessus doit donc en fait être considéré comme la valeur *minimum* du rayon en pulsation du nucléon; la valeur *maximum* du rayon pulsant est alors :

(4-17-*f*) $$R_{H\ \max} = R_H + c\,\frac{T_0}{2} = 9{,}2\,.\,10^{-14}\ \text{cm}$$

qui est proche de 1 Fermi (10^{-13} cm), ce qui est bien l'ordre de grandeur du rayon *observé* du nucléon.

5. La signification géométrique de la masse M_0.

Rappelons une fois encore que la masse $M_0 = M(\rho_0)$, telle qu'elle est calculée par le Système H, a essentiellement en Relativité complexe, *et dans l'espace du Réel,* une signification *géométrique.* M_0c^2 indique l'énergie propre *enfermée et représentée dans les préons,* qui sont des micro-univers de l'espace *Imaginaire,* dont les «traces» ponctuelles P dans l'espace du Réel sont toutes encloses à l'intérieur de la frontière Γ du holon, et constituent un *ensemble infini continu. Dans le Réel* la masse M_H du nucléon a donc une interprétation purement *géométrique,* qui est celle d'une *sphère en pulsation de rayon* R_H. Une telle «Forme» géométrique est la Forme stable «naturelle» que prend spontanément l'espace du Réel (une autre Forme «naturelle» étant celle de l'Univers du Réel *dans son ensemble*).

C'est cet aspect géométrique fondamental propre au Réel que nous avions mis en évidence en introduisant, dans notre chapitre III, la *longueur élémentaire* l_0, que le formalisme de la Relativité complexe a démontré comme étant égale au rayon R_H du nucléon (3-49).

III. LA PRÉSENCE DE SIX NIVEAUX DE QUARKS DANS LE HOLON ET LES INTERACTIONS DE COULEUR

1. Les niveaux géodésiques des quarks.

Le holon est caractérisé *géométriquement* par sa courbure scalaire riemannienne R en chaque point P du Réel, ou par la quantité qui est la mesure directe de R, c'est-à-dire la densité propre locale ρ au point P :

(4-18) $$R = \xi^2 \rho^2 + 4\Lambda$$

Inversement, cela signifie qu'en tout point P de courbure riemannienne scalaire R *doit* exister une densité propre ρ (positive, nulle ou négative).

Considérons maintenant les micro-univers *éoniques* s'étendant dans l'Imaginaire (leptons chargés ponctuels dans l'espace du Réel), pour lesquels nous avons calculé (3-79) les courbures riemanniennes scalaires R_n (ou les densités propres ρ_n) de leurs « traces » P dans l'espace du Réel :

(4-19) $$\rho_n = \frac{m_n}{\Omega_0}$$

La structure holonique a pour densité centrale (4-17) :

(4-19-*a*) $$\rho_H = 5{,}8 \, . \, 10^{17} \text{ g/cm}^3$$

et on constate donc qu'il existe *six niveaux sphériques* de densité ρ_n fournis par (4-19), qui se situent *dans le volume holonique*, entre le centre du holon, où la densité est ρ_H calculée par (4-19-*a*) ci-dessus, et la frontière périphérique Γ du holon où, par définition :

$$\rho_H = 0$$

Les rayons r de ces six niveaux sont facilement calculés à partir du modèle holonique. On obtient le tableau suivant :

(4-20)

n	Symbole	Nom	ρ_n (g/cm^3)	r_n (cm)	m_n (g)	
0	u	up	$3{,}73 \, . \, 10^{13}$	$1{,}8 \, . \, 10^{-14}$	$9{,}11 \, . \, 10^{-28}$	HADRONS
1	d	down	$7{,}71 \, . \, 10^{15}$	$1{,}79 \, . \, 10^{-14}$	$1{,}89 \, . \, 10^{-25}$	
2	c	charm	$1{,}30 \, . \, 10^{17}$	$4{,}2 \, . \, 10^{-15}$	$3{,}18 \, . \, 10^{-24}$	
3	s	strange	$2{,}33 \, . \, 10^{17}$	$1{,}7 \, . \, 10^{-15}$	$6{,}18 \, . \, 10^{-24}$	
4	b	beauty	$3{,}76 \, . \, 10^{17}$	$4{,}2 \, . \, 10^{-16}$	$9{,}18 \, . \, 10^{-24}$	
5	t	top	$4{,}99 \, . \, 10^{17}$	$1{,}7 \, . \, 10^{-16}$	$1{,}22 \, . \, 10^{-23}$	
—	—	—	$6{,}22 \, . \, 10^{17}$	—	$1{,}52 \, . \, 10^{-23}$	

Sur chacun des six niveaux holoniques correspondant à ces rayons r_n nous avons des *quarks ou des antiquarks,* avec pour chacun d'eux (au signe près) les masses propres :

(4-20-*a*) $$m_n = \Omega_0 \rho_n$$

comme indiqué ci-dessus.

Les quarks et antiquarks d'indice n se déplacent sur la surface sphérique de rayon r_n. Chaque niveau n de la structure holonique est une *géodésique* de la métrique de l'espace du Réel compris dans le volume holonique. Les quarks (et/ou antiquarks) de masse propre m_n *doivent* donc nécessairement demeurer sur le niveau n de rayon r_n, au moins *tant qu'ils existent avec leur masse* m_n. Le quark (ou l'antiquark) ne peut changer de niveau (de géodésique) *qu'en devenant un autre* quark, c'est-à-dire en subissant une interaction *faible* modifiant sa masse propre m_n. Ce changement de niveau correspond donc à un changement d'énergie, dû *à la fois* à l'interaction faible dont nous venons de faire mention (changement de masse *propre* du quark) et au changement d'énergie *cinétique* du quark, qui quitte une géodésique de son niveau ancien pour transiter (tout en modifiant sa masse propre) sur une géodésique de son niveau nouveau. Nous nous proposons d'analyser ci-dessous ces transitions des quarks d'un niveau à un autre à l'intérieur du volume holonique, que nous nommerons *interactions de couleur.*

On note immédiatement que :

— une interaction de couleur comporte une part d'interaction faible, mais ne se limite pas à une interaction faible;

— on devine une analogie des interactions de couleur avec les transitions quantiques *des électrons* entre les niveaux atomiques; *la couleur,* qui n'est autre que l'interaction forte d'un quark sur son niveau (comme nous allons mieux le voir tout à l'heure) jouant cependant dans les interactions de couleur le rôle de la charge électrique dans les transitions atomiques.

2. Distribution des quarks entre leurs six niveaux.

La Relativité complexe est conduite aux hypothèses suivantes concernant le nombre de quarks sur chacun des six niveaux holoniques, la charge électrique sur chaque niveau, la charge totale du holon et enfin le mouvement des quarks sur le niveau qu'ils occupent :

2.1. Chacun des six niveaux doit porter une charge électrique *entière* (0, 1, ..., au signe près).

2.2. Le spin total du holon (ou *spin holonique*), doit être soigneusement distingué du spin propre à chaque niveau holonique; de la même façon que, dans l'atome, on doit distinguer le spin du noyau atomique du spin d'un niveau électronique, et a fortiori du spin des électrons individuels. Le spin holonique est celui de l'ensemble infini continu *des gluons* (paires préon/antipréon) composant la matière du holon. Ce spin holonique est demi-entier et peut donc s'écrire $(N+1/2)\hbar$, avec $N=0$, 1, ... Le *pulse* du holon est égal à son spin. Nous nous limitons, dans le présent travail, à $N=0$, réservant les valeurs de N plus grandes que 0 à une autre publication.

2.3. Le niveau holonique *le plus bas* ($n=0$) est dit niveau « fondamental » ! il comprend *trois* quarks ayant la masse propre de l'électron.

Ce niveau fondamental a deux états possibles de charge électrique

charge +1 = +1/3 +1/3 +1/3 (cas du proton, niveau stable),
charge 0 = +1/3 +1/3 −2/3 (cas du neutron).

Ces quarks du niveau 0, comme ceux situés sur *tous* les autres niveaux, ont un mouvement *géodésique* sur leur niveau, mouvement qui comprend les géodésiques *radiales* et aussi, éventuellement, les géodésiques associées au mouvement de rotation du quark autour de l'axe de symétrie axiale (ou sphérique) du holon (géodésiques axiales ou sphériques). Ce dernier type de géodésique n'existe cependant que quand les quarks du niveau sont une paire quark/antiquark : on trouvera de telle paires sur les niveaux de 1 à 5, mais *jamais* sur le niveau fondamental 0 où, comme nous l'avons dit, il y a *trois* quarks (et non une paire de quarks). Dans ce dernier cas de niveau à trois quarks, qui est le cas du niveau fondamental 0, et au moins en première approximation, on doit dire que *aucun* des trois quarks ne parcourt une géodésique de rotation sphérique, les quarks ne possèdent qu'un mouvement radial, qui « accompagne » la pulsation radiale de la structure holonique dans son ensemble. Partant, et comme nous le vérifierons numériquement au § 3 qui suit, le niveau fondamental est doté de quarks dont l'énergie est *beaucoup plus faible* que celle des paires quark/antiquark des niveaux « supérieurs » (1 à 5).
Cependant, *l'expérience* démontre que la masse propre du neutron (deux charges +1/3 et une charge −2/3) est légèrement *plus grande* que la masse du proton (trois charges +1/3), différence qui est de 2,53 fois la masse de l'électron en faveur du neutron. Ce résultat paraît pouvoir s'expliquer par le fait que, dans le cas du neutron, les deux charges +1/3 sont *animées d'un léger mouvement d'oscillation électrodynamique* autour de la charge −2/3, ce qui justifierait la plus grande masse du neutron, puisque les deux quarks +1/3 en oscillation posséderaient dans ce cas une énergie (cinétique) *positive*. Bien entendu, il conviendra de préciser cet aspect (important) dans une étude mathématique comparative détaillée du niveau fondamental $n=0$ chez le proton et chez le neutron (étude qui sortirait cependant du cadre du présent travail).

2.4. Les niveaux 1 à 5 sont dits les niveaux *supérieurs* (quarks avec les masses propres du muon, du tau...). Chaque niveau supérieur porte *deux quarks (ou antiquarks) en rotation géodésique*. Les charges électriques sur chaque niveau supérieur ont deux possibilités :

charge 0 = +2/3 −2/3 (niveau stable),
charge +1 = +1/3 +2/3.

2.5. Chacun des six niveaux 0 à 5 peut exister avec les caractéristiques obtenues en *changeant simultanément* les signes des masses propres et des charges électriques.

2.6. Nous appelons quark la « trace » ponctuelle dans l'espace holonique d'un éon de masse propre *positive,* et antiquark la « trace » ponctuelle dans l'espace holonique d'un éon de masse propre *négative.*

2.7. Nous appelons HADRON le holon associé aux six niveaux de quarks décrits ci-dessus. Il n'existe qu'*un seul* holon, mais naturellement un *grand nombre* de hadrons.

2.8. On nomme *état fondamental d'un hadron* son état de plus faible énergie. On note que, dans cet état fondamental, tous les niveaux du hadron sont dans leur état « stable » (état « protonique » du niveau $n=0$ et états d'énergie algébrique totale *nulle* pour les cinq niveaux supérieurs). Cet état fondamental du hadron est le PROTON (ou l'antiproton).

3. L'énergie des quarks sur les niveaux supérieurs.

Soit q_r la masse relativiste du quark (énergie potentielle + énergie cinétique) se déplaçant sur un niveau *supérieur* ($n=1$ à 5) de rayon r dans la structure holonique. On se propose de calculer l'énergie :

(4-21) $$E_r = q_r c^2$$

de ce quark, animé sur son niveau d'un mouvement géodésique.

a) Le mouvement de spin de ce quark est quantifié à une action demi-entière (avec une autre action demi-entière réservée au pulse). Ceci s'écrit :

(4-22) $$q_r V_l \times 2\pi r = \frac{h}{2}$$

où V_l désigne la vitesse tangentielle du quark en rotation sur son orbite circulaire du niveau holonique.

L'analyse numérique du mouvement des quarks montre que $q_r c^2$ est *beaucoup plus grand* que l'énergie $q_0 c^2$ correspondant à la masse *propre* q_0 du quark, au moins sur les niveaux *supérieurs* ($n=1$ à 5) considérés ici. Cela veut dire que nous pouvons faire ici l'approximation :

(4-22-*a*) $$V_l \# c.$$

b) La force centrifuge appliquée au quark est (avec 4-22-*a*) :

(4-23) $$F_r = \frac{q_r V_l^2}{r} \# \frac{q_r c^2}{r}.$$

La comparaison de (4-22) et (4-23) donne :

(4-24) $$F_r = \frac{\hbar c}{2r^2}.$$

c) Le quark suit une géodésique de la structure holonique à distance r du centre du holon. L'équation d'une telle géodésique s'écrit [⟨1⟩ et ⟨11⟩] :

(4-25) $$\frac{1}{c^2}\gamma_r+\frac{1}{2}\frac{\lambda'}{c^2}V_r^2+\frac{1}{2}\nu' e^{\nu-\lambda}=0$$

où les « primes » indiquent une différenciation par rapport à r et où ν et λ sont les éléments habituels de la métrique de Schwarzschild (4-1). V_r est la vitesse *radiale* associée a la pulsation radiale (quantifiée) du holon, le long de la direction r.

L'accélération γ_r est par conséquent donnée par :

(4-25-*a*) $$\gamma_r=-\frac{1}{2}\lambda' V_r^2-\frac{1}{2}\nu' c^2 e^{\nu-\lambda}.$$

Si Q désigne la charge électrique du quark (+ ou −2/3) sur le niveau considéré, et en tenant compte de la distance $2r$ entre le quark et l'antiquark, nous avons entre les deux quarks une force électrostatique F_e qui s'écrit :

(4-25-b) $$F_e=-\frac{Q^2}{4r^2}=-\frac{4}{9}\frac{e^2}{4r^2}=-\frac{e^2}{9r^2}$$

et donc une accélération électrostatique γ_e appliquée à chacun des quarks :

(4-25-*c*) $$\gamma_e=-\frac{1}{q_r}\frac{e^2}{9r^2}.$$

La force *totale* F le long de la direction r est donc :

(4-26) $$F=q_r(\gamma_r+\gamma_e).$$

La comparaison de (4-24), (4-25-*c*) et (4-26) donne finalement l'énergie *totale* d'un quark sur son niveau de rayon r :

(4-27) $$E_r=\pm\left(\frac{\hbar c}{2r^2}+\frac{e^2}{9r^2}\right)\frac{1}{\frac{1}{2}\lambda' V_r^2/c^2+\frac{1}{2}\nu' e^{\nu-\lambda}}$$

relation indépendante de la masse relativiste q_r du quark, résultat auquel on pouvait s'attendre puisqu'il s'agit ici d'un mouvement *géodésique*.

On note que l'interaction *électrostatique* n'entre dans l'énergie totale E_r que dans un rapport :

(4-27-*a*) $$\frac{2e^2}{9\hbar c}=1{,}62.10^{-3}$$

ce qui justifie que, dans une première approximation, on néglige dans les énergies des quarks sur leur niveau ces actions électrostatiques, pour se limiter aux interactions fortes gluoniques.

4. Les transitions de couleur.

Avec les équations (4-11) du Système H pour la solution holonique unique, il devient maintenant possible d'utiliser (4-27) pour calculer numériquement l'énergie totale E_r d'un quark appartenant aux niveaux supérieurs $n=1$ à 5. L'énergie totale à un instant donné et pour l'état hadronique fondamental (proton), est *zéro* pour l'ensemble de ces cinq niveaux supérieurs, puisque sur ces niveaux nous avons à la fois un quark et son antiquark (quarkonium), ayant respectivement des énergies E_r égales mais de *signes contraires*.

Mais nous sommes ici plus particulièrement intéressés par les *transitions* d'un quarkonium, c'est-à-dire de *la paire* quark/antiquark, depuis son niveau supérieur ($n=1$ à 5) jusqu'au niveau fondamental $n=0$ (énergie libérée par le holon), ou la transition inverse (absorption d'énergie par le holon), où le quarkonium passe du niveau fondamental $n=0$ jusqu'à un niveau supérieur ($n=1$ à 5). Étant donné que chaque niveau doit conserver une charge électrique totale entière, le quark et l'antiquark composant le quarkonium du niveau doivent *simultanément* effectuer la transition de niveau à niveau. Il en résulte que l'énergie *totale* E_n associée à une transition quantique (ou transition *de couleur*) associée au niveau n est $2E_r$, avec E_r donné par (4-27) :

(4-28) $$E_n = 2E_r.$$

L'analyse numérique a produit les résultats suivants, pour les énergies associées à ces transitions de couleur entre les niveaux supérieurs ($n=1$ à 5) jusqu'au niveau fondamental 0 :

(4-29)

n	E_n (GeV)
1	4,14
2	68,9
3	253,2
4	734,8
5	3 022,2

Ces énergies sont également celles des *bosons vecteurs intermédiaires* qui sont émis par la structure hadronique quand les quarks reviennent depuis leur niveau supérieur ($n=1$ à 5) jusqu'au niveau fondamental $n=0$, c'est-à-dire en fait quand les bosons vecteurs intermédiaires formés après l'« énergétisation » de la structure hadronique et l'interaction de couleur *se désintègrent* en particules stables.

Nous voyons que ces transitions de couleur présentent, comme nous l'avions laissé pressentir, des analogies avec les transitions des électrons dans la structure atomique, les bosons vecteurs jouant dans les transitions de couleur le rôle des photons dans les transitions atomiques.

Nous notons sur les résultats de calcul fournis ci-dessus que les transitions entre les niveaux 1 et 0 indiquent la formation de bosons vecteurs avec des énergies de l'ordre de 4 Gev : rappelons que l'observation fait apparaître des bosons vecteurs J/ψ, ψ', ψ'', ψ''' ayant des énergies de 4 ± 1 Gev. Les transitions entre les niveaux 2 et 0 indiquent ci-dessus la formation de bosons vecteurs avec des énergies de l'ordre de 70 Gev, chiffre que l'on comparera avec les énergies des bosons vecteurs W^+, W^- et Z^0, dont les meilleures estimations sont de 80 ± 10 Gev. La transition de couleur suivante, entre les niveaux 3 et 0, indique la formation de bosons vecteurs d'énergie supérieure à 250 Gev, énergie qui est toutefois, encore maintenant (1987), hors de portée de nos plus puissants accélérateurs proton-proton.

IV. LES INTERACTIONS GRAVITOFORTES

1. Interactions virtuelles et interactions géodésiques.

Dans le chapitre III nous avons traité des interactions électrofaibles. Avant d'entrer maintenant dans l'examen de l'autre type d'interactions, que nous nommons les *interactions gravitofortes* (gravitationnelles et fortes), nous ferons quelques remarques importantes sur les interactions physiques en général, telles qu'elles sont présentées dans le cadre de la Relativité complexe, où nous distinguons les interactions *virtuelles* électrofaibles des interactions *géodésiques* gravitofortes.

a) Pourquoi qualifier les interactions électrofaibles de « virtuelles »? Les interactions électrofaibles sont portées par les micro-univers de l'Imaginaire, et ont plus précisément leur source, comme nous l'avons vu, dans l'impulsion-énergie des neutrinos et photons (paires de neutrinos) *enfermés* dans ces micro-univers. L'impulsion-énergie ne peut pas « cheminer » hors d'un micro-univers pour aller vers un autre, par définition même d'un micro-univers, qui est une structure *fermée* ($K = +1$). Par contre, la conservation de l'impulsion-énergie à l'échelle de l'Univers entier fait que toute variation d'impulsion-énergie à l'intérieur d'un micro-univers Imaginaire doit être « compensée » par une variation concomitante d'impulsion-énergie dans « un autre » micro-univers Imaginaire. Il n'y a donc pas véritable « transport » de l'impulsion-énergie d'un micro-univers à un autre au cours d'une interaction électrofaible, mais *action à distance* entre des micro-univers *individuels.*

b) Maintenant, qu'appelons-nous « distance » dans cette « action à distance »? La « distance » entre deux micro-univers M_1 et M_2 ne peut certainement pas être mesurée au moyen d'une « règle » empruntée à l'un des micro-univers, puisqu'on ne peut « sortir » d'un micro-univers pour aller vers l'autre. Cette distance ne peut être comptée que dans un espace *commun* aux deux micro-univers; c'est donc que cette « distance » est mesurée *dans l'espace du Réel,* et plus précisément entre les deux

« traces » P_1 et P_2 que laissent les deux micro-univers M_1 et M_2 dans le Réel (interfaces P_1 et P_2 entre l'Imaginaire et le Réel).

c) Nous avons montré que ces actions virtuelles électrofaibles « à distance » étaient *instantanées* dans la représentation Forme-âge (η, $c\tau$), mais associées cependant à la vitesse *c* dans un référentiel énergie-temps (r, ct) (chapitre III, § I. 3 à 5).

d) Les interactions électrofaibles, qui sont des interactions entre neutrinos et leurs composés, contiennent donc comme représentation de base les équations (2-81) d'action totale *h*, qui tiennent compte de la « fusion » spin + pulse dans la description mathématique du neutrino. La représentation *complète* du neutrino enfermé dans les micro-univers de l'Imaginaire ne se limite donc pas à l'espace Imaginaire, mais comporte aussi l'onde *de phase* psi se propageant *dans l'espace du Réel* à vitesse de phase *infinie* (dans le référentiel de l'interface *P* entre le micro-univers Imaginaire *M* et l'espace du Réel). Ceci souligne l'aspect que nous avons mis en avant dès le début de ce travail : une représentation complète des interactions physiques doit nécessairement choisir comme cadre *l'union du Réel et de l'Imaginaire,* et non pas tenter de se limiter à une « face » seulement (Imaginaire ou Réel) de l'espace *total* de notre Univers.

e) Mais quel est alors le « rôle » de l'onde psi de l'espace du Réel pour représenter le comportement complet du neutrino situé dans l'Imaginaire? Cette onde psi « collecte », comme nous l'avons expliqué, les Formes géométriques du Réel à chaque instant τ de l'âge du Réel. Les *conditions initiales* de l'onde psi du neutrino, onde représentée par les équations d'action *h* (2-81), sont faites, à chaque instant τ, des Formes du Réel. On peut dire, pour être bref et nous résumer, que *les interactions électrofaibles sont représentées par des équations* (2-81) *décrivant le mouvement d'un neutrino dans l'Imaginaire, et collectant à chaque instant les conditions initiales de ce mouvement sous l'aspect des Formes de la totalité du Réel autour du neutrino.*

Comme nous allons le voir maintenant, les interactions géodésiques gravitofortes sont, à ce dernier point de vue, *complémentaires* des interactions virtuelles électrofaibles : elles décrivent le mouvement des structures ponctuelles *P* emplissant l'espace du Réel au moyen d'équations (équations géodésiques) dont les *conditions initiales* sont, à chaque instant τ de l'âge du Réel, collectées dans l'impulsion-énergie portée par les micro-univers *de l'Imaginaire.* En d'autres termes encore, il n'y a pas d'interactions gravitofortes sans interactions électrofaibles, et vice versa : pouvait-on mieux espérer d'une tentative de « grande unification »?

2. Les interactions fortes.

Les interactions fortes, comme les interactions gravitationnelles que nous examinerons au § 3 qui suit, constituent l'application à l'espace du

Réel du principe *généralisé* des géodésiques (2-45) qu'établit la Relativité complexe :

(2-43-*a*) $$u^{\alpha} \nabla_{\alpha} u_{\beta} = 0 \qquad \alpha, \beta = 1 \text{ à } 4$$

Ce principe nous dit que tout point de l'Univers physique suit une géodésique de la métrique. Ceci est vrai dans l'espace de l'Imaginaire comme dans l'espace du Réel : mais, dans l'espace de l'Imaginaire, qui est *rigoureusement* homogène et isotrope (alors que l'espace cosmologique du Réel ne l'est qu'«en moyenne»), un point n'est soumis à aucune «force», les mouvements sont ceux dus à la quantification du spin et du pulse, qui sont des lignes «droites» (cercles et rayons) dans un espace sphérique.

Nous nous préoccupons donc principalement ici des mouvements géodésiques *dans l'espace du Réel,* mouvements qui obéissent tous à (2-43-*a*). Cependant, comme nous l'avons remarqué au § 1 ci-dessus, toute trajectoire géodésique d'un point *P* du Réel dépend de ses *conditions initiales,* c'est-à-dire de l'impulsion-énergie associée à l'Imaginaire au point *P* du Réel. Si cette impulsion-énergie varie au cours du temps, le point *P* «saute» brusquement sur une autre géodésique. Ainsi voit-on que le mouvement géodésique d'un point *P* du Réel dépend non seulement de la «géométrie» riemannienne d'ensemble de l'espace du Réel mais encore des *interactions électrofaibles* qui interviennent dans le micro-univers Imaginaire associé au point *P.* Le principe *généralisé* des géodésiques propre à la Relativité complexe (valable pour les *quatre* interactions), doit donc son succès *à la fois* à la forme du tenseur géométrique $T_{\alpha\beta} = \xi\rho^2 u_{\alpha} u_{\beta}$ (2-24); et au fait que les conditions initiales des géodésiques sont ici directement tributaires des interactions électrofaibles.

Par ailleurs, nous avons vu que le Réel comportait *deux* régions principales :

— les holons, qui sont des régions très localisées, compactes et en pulsation périodique, dont nous avons obtenu les équations en (4-11) ci-dessus (Système *H*);

— l'espace *cosmologique,* qui est pratiquement tout ce qui n'est pas «holon» dans l'espace total du Réel.

Les interactions géodésiques à l'intérieur du volume du holon seront qualifiées d'interactions *fortes.* Les interactions géodésiques prenant place dans l'espace cosmologique (ou non-holonique) seront qualifiées d'interactions *gravitationnelles.* Les interactions fortes holoniques diffèrent principalement des interactions gravitationnelles cosmologiques par leur *intensité* (l'espace holonique est beaucoup plus «courbé» que l'espace cosmologique).

Dans le présent § 2 nous étudions les interactions géodésiques *fortes.*

2.1. Portée et saturation des interactions fortes.

a) Appelons $R_{H\,\max}$ la valeur *maximum* du rayon en pulsation du holon, calculé numériquement en (4-17-*b*).

Tant que la distance r entre deux holons A et B est *plus grande* que $R_{H\,\max}$, il n'y a pas d'« intersection » entre les deux Formes holoniques, la seule interaction est *gravitationnelle* (§ 3 ci-dessous). Aucun point du premier holon A ne peut donc suivre les géodésiques holoniques du second holon B, et vice versa; en d'autres termes, il n'y a pas d'interaction forte entre A et B. Par conséquent, la *portée* λ_f de l'interaction forte est :

(4-30) $$\lambda_f = 2R_{H\,\max} = 2 \times 9{,}2 . 10^{-14} = 1{,}84 . 10^{-13} \text{ cm}$$

soit environ 2 fermis (ce qui est la portée correcte *observée*).

b) Par ailleurs, des considérations géométriques simples concernant les formes sphériques de même rayon suggèrent une *saturation* de l'interaction forte, une sphère donnée *en pulsation* ne pouvant avoir une « intersection » avec plus de quelques sphères analogues. Cette saturation des interactions fortes du holon, ce dernier ne pouvant interagir simultanément avec plus de quelques autres holons (de l'ordre de 2 ou 3), est également bien *vérifiée par l'expérience.*

2.2. Pas de superposition stable des formes holoniques.

Nous avons vu ci-dessus (§ II. 5) que la Forme holonique, de volume Ω_0, était *la seule Forme* microscopique *stable* pouvant spontanément prendre place dans l'espace du Réel.

L'interaction forte ne peut donc conduire à une autre Forme stable, résultant d'une sorte de « superposition » des deux structures holoniques en interaction. En d'autres termes, l'interaction forte se limite à la frontière des Formes holoniques.

2.3. Les interactions fortes sur la frontière des holons.

Les deux holons sont donc séparées par une distance égale à deux fois leur rayon (§ 2-1). Chaque holon est soumis à l'accélération géodésique de l'autre holon; un exemple serait la paire stable de deux nucléons liés entre eux par interaction forte.

Écrivons à nouveau la métrique d'une structure holonique :

(4-31) $$ds^2 = e^\nu c^2\, dt^2 - r^2\, d\theta^2 - r^2 \sin^2\theta\, d\varphi^2 - e^\lambda\, dr^2$$

Les géodésiques de l'espace holonique s'écrivent ⟨11⟩ :

(4-32) $$\frac{d^2y^i}{ds^2} + \Gamma^i_{jk}\frac{dy^j}{ds}\frac{dy^k}{ds} = 0 \qquad (i,\ j,\ k = 1 \text{ à } 4)$$

où les Γ^i_{jk} sont les symboles de Christoffel, et où nous avons posé :

(4-33) $$\begin{cases} y^1 = r \\ y^2 = \theta \\ y^3 = \varphi \\ y^4 = ct \end{cases}$$

Introduisant les $g_{\alpha\beta}$ de (4-31) dans les équations (2-25) de la Relativité complexe, on calcule pour les symboles de Christoffel :

$$(4\text{-}34)\qquad \begin{cases} \Gamma^1_{11}=\frac{1}{2}\lambda' \quad \Gamma^2_{12}=\frac{1}{r} \quad \Gamma^3_{31}=\frac{1}{r} \\ \Gamma^2_{22}=-re^{-\lambda} \quad \Gamma^2_{33}=-\sin\theta\cos\theta \quad \Gamma^3_{23}=\frac{1}{\text{tg}\,\theta} \\ \Gamma^1_{33}=-r\sin^2\theta e^{-\lambda} \quad \Gamma^1_{44}=\frac{1}{2}\nu' e^{\nu-\lambda} \quad \Gamma^4_{14}=\frac{1}{2}\nu' \end{cases}$$

où les « primes » indiquent une différenciation par rapport à r (distance du point considéré au centre du holon).

Faisant l'approximation :

$$(4\text{-}35)\qquad ds^2 \# c^2\, dt^2$$

les géodésiques (4-32) s'écrivent :

$$(4\text{-}36)\qquad \frac{1}{c^2}\frac{d^2r}{dt^2}+\frac{1}{2}\frac{\lambda'}{c^2}\left(\frac{dr}{dt}\right)^2+\frac{1}{2}\nu' e^{\nu-\lambda}=0$$

L'accélération radiale γ_Γ sur la frontière Γ du holon est par conséquent :

$$(4\text{-}37)\qquad \gamma_\Gamma=\frac{d^2r}{dt^2}=-\frac{1}{2}\lambda'\left(\frac{dr}{dt}\right)^2-\frac{1}{2}c^2\nu' e^{-\lambda}=-\frac{1}{2}c^2(\lambda'+\nu' e^{-\lambda})$$

étant donné que, *sur* Γ, nous avons $\nu=0$ et $dr/dt=c$

Revenant maintenant à la solution numérique du Système H pour le holon, nous obtenons :

$$(4\text{-}38)\qquad \begin{cases} \nu'_\Gamma=3{,}68\,.\,10^{13}\ \text{cm}^{-1} \\ e^{\nu}_\Gamma=1 \\ e^{-\lambda}_\Gamma=0{,}69 \\ \lambda'_\Gamma=8{,}8\,.\,10^{12}\ \text{cm}^{-1} \end{cases}$$

et donc, avec (4-37) :

$$(4\text{-}39)\qquad \gamma_\Gamma=-(3{,}96\,.\,10^{33}+1{,}08\,.\,10^{34})=-1{,}48\,.\,10^{34}\ \text{cgs}$$

La force *totale* de l'interaction forte se traduit donc par une force radiale F_f agissant entre les deux holons (nucléons), distants l'un de l'autre de $2R_H$:

$$(4\text{-}40)\qquad F_f=2\mu\gamma_\Gamma=-5{,}0\,.\,10^{10}\ \text{cgs}$$

où μ est la masse du nucléon.

Cette force F_f est négative, il s'agit donc d'une *attraction*. On peut comparer cette force F_f à la force *électrostatique* F_e s'exerçant entre deux protons séparés de la même distance $2R_H$:

$$(4\text{-}41)\qquad F_e=\frac{e^2}{(2R_H)^2}=1{,}77\,.\,10^8\ \text{cgs}$$

La comparaison avec (4-40) donne :

(4-42) $$\frac{F_f}{F_e} = 277$$

qui est bien l'ordre de grandeur correct du rapport *observé* F_f/F_e.

3. Les interactions gravitationnelles.

Comme nous l'avons expliqué ci-dessus, la Relativité complexe conduit à l'idée que le potentiel gravitationnel transporté dans l'espace du Réel par le holon a son origine *dans la pulsation de la frontière* Γ du holon. Les particules *ponctuelles,* qui dans l'Imaginaire sont les micro-univers éoniques ou préoniques, mais dont la « trace » P dans le Réel est précisément « ponctuelle », ne peuvent comme les holons se prévaloir d'une pulsation dans le Réel, et ne possèdent donc *pas de potentiel gravitationnel.* Par contre, répétons-le une fois encore, les particules ponctuelles P se meuvent *toutes* dans l'espace du Réel selon les géodésiques de la métrique du Réel, en tenant compte comme nous l'avons précisé ci-dessus des *conditions initiales* de la géodésique suivie par P, conditions initiales qui dépendent à leur tour, et à chaque instant τ, des *interactions électrofaibles* dont P fait l'expérience. Par ailleurs, comme les préons et les éons participent, sous forme de leurs « traces » (gluons, quarks) dans le Réel, à la constitution des holons, nous devons dire aussi que les particules ponctuelles P participent indirectement au potentiel gravitationnel du holon. En bref, TOUTES les particules de l'Univers participent, directement ou indirectement, au potentiel gravitationnel. TOUTES subissent également les effets du potentiel gravitationnel présent en chaque point du Réel, puisque toutes suivent les géodésiques de la métrique du Réel.

3.1. LE POTENTIEL GRAVITATIONNEL DU HOLON.

La frontière Γ du holon est définie comme la région de la Forme holonique sphérique où la densité propre ρ est identiquement *zéro,* quel que soit τ. Cette frontière est en pulsation radiale avec la période T_0 qui est, comme on s'en souvient (4-13), la période de pulsation d'à la fois les éons chargés dans l'Imaginaire et des holons dans l'espace du Réel. Pour cette raison, nous nommerons désormais cette période T_0 la *période universelle.* L'amplitude de pulsation de Γ est $cT_0/2$, puisque la vitesse radiale de la frontière Γ est c (4-17, a et b).

Le Réel *dans son ensemble* est, comme nous le verrons dans le chapitre V (modèle cosmologique), *un espace sphérique fermé* ($K = +1$). Le rayon spatial $R(\tau)$ de ce modèle cosmologique possède lui-même une pulsation radiale périodique. Ceci veut dire à son tour que, ce que nous nommons généralement « espace vide », n'est pas *rigoureusement* vide, la densité cosmologique ρ_c n'est pas nulle, puisque l'espace cosmologique est doté d'une courbure scalaire d'ensemble R_c non nulle (propre à un espace « fermé ») :

(2-28-*a*) $$R_c = \xi^2 \rho_c^2 + 4\Lambda$$

où Λ est la *constante* cosmologique.

La densité d'énergie D_{ρ_c} de l'espace dit « vide » du Réel s'écrit donc :

(4-43) $$\frac{D_{\rho_c}^2}{c_2} = \rho_c^2 c^2 + \frac{P_\rho^2}{\Omega_0^2}$$

où ρ_c désigne spécifiquement la densité propre de l'espace cosmologique et P_ρ une impulsion associée à ρ_c, dont on ne peut écarter a priori l'existence (nous verrons que, effectivement, une telle impulsion « cosmologique » non nulle existe bien en tout point de l'espace du Réel).

La frontière Γ du holon, où la densité propre ρ est nulle, crée par conséquent autour du holon une sorte de « trou » sphérique et en pulsation dans la densité cosmologique ρ_c. En d'autres mots, le holon en pulsation génère tout autour de lui *une onde sphérique longitudinale de densité d'énergie* D_G, qui se propage autour du holon avec une vitesse c et une période T_0 (la période universelle éon/holon) :

(4-44) $$D_G = D_{\rho_c} + a(r) \cos 2\pi \frac{t}{T_0}.$$

Cette onde longitudinale de densité D_G satisfait l'équation générale de propagation des ondes :

(4-45) $$\square^2 D_G = 0 \qquad \left(\square^2 = \frac{1}{c^2} \frac{\partial^2}{\partial t^2} - \nabla^2\right).$$

Donnant à D_G dans (4-45) sa valeur (4-44), et supposant la symétrie sphérique pour la propagation de D_G, on trouve que l'amplitude $a(r)$ de cette onde doit satisfaire :

(4-46) $$\begin{cases} \dfrac{d^2 a}{dr^2} + \dfrac{2}{r} \dfrac{da}{dr} + \dfrac{4\pi^2 a}{c^2 T_0^2} = 0 \\ a_\Gamma = D_{\rho_c} \quad \left(\dfrac{da}{dr}\right)_\Gamma = 0 \end{cases}$$

qui a pour solution, pour une distance r au holon plus grande que le rayon holonique r_Γ :

(4-47) $$D_G = \frac{D_{\rho_c} T_0 c}{2\pi} \frac{1}{r} \left[\sin \frac{2\pi}{cT_0}(r - r_\Gamma) + \frac{2\pi r_\Gamma}{cT_0} \cos \frac{2\pi}{cT_0}(r - r_\Gamma)\right] \cos \frac{2\pi t}{T_0}.$$

Comme on le voit cependant sur (4-47), la présence dans l'espace entourant le holon pulsant d'une onde de densité D_G *ne change pratiquement pas* la densité propre locale D_{ρ_c} de l'énergie cosmologique de l'espace « vide », quelle que soit la distance r au holon, *si nous considérons seulement la valeur moyenne* $\overline{D}_G$ *de* D_G *sur la très courte période universelle* ($4{,}9 . 10^{-24}$ s) :

(4-47-*a*) $$\overline{D}_G = D_{\rho_c} \quad (\forall r) \qquad \text{(valeur moyenne sur } T_0\text{)}.$$

Toutefois, ceci *ne signifie pas* que l'onde D_G n'a pas d'effets *géométriques* sur la métrique ds^2 de l'espace entourant le holon en pulsation : ces effets géométriques sont calculés en s'appuyant sur les équations de la Relativité complexe, qui comprennent notamment la forme explicite de son tenseur géométrique $T_{\alpha\beta}$:

(4-48) $$T_{\alpha\beta} = \xi^2 \rho^2 u_\alpha u_\beta$$

dans lequel, comme on le voit (4-43), nous avons à faire intervenir ρ^2 et P_ρ^2, c'est-à-dire à tenir compte de la valeur moyenne de D_G^2, et non simplement la valeur moyenne de D_G.

En d'autres termes, la pulsation de la frontière Γ du holon génère autour de cette particule une onde *de courbure riemannienne scalaire,* dont on voit sur (4-47) que l'amplitude varie (au moins en première approximation, effets moyens) en $1/r^2$. Cette onde de courbure riemannienne scalaire modifie à son tour le tenseur géométrique $T_{\alpha\beta}$, et est effectivement la source du *potentiel gravitationnel* du holon.

On comprend maintenant comment ce potentiel gravitationnel d'une particule *individuelle* (nucléon notamment) a pu passer inaperçu de la Relativité *générale.*

• Cette théorie n'a pas envisagé une pulsation radiale éventuelle d'une particule de matière.

• Et, surtout, en Relativité générale on utilise un tenseur (dit « matériel ») $T_{\alpha\beta}$ qui est proportionnel à la densité propre ρ, et non pas *au carré* de cette densité propre, comme en Relativité complexe.

La Relativité générale est cependant parvenue, comme on le sait, à interpréter la gravitation comme un mouvement le long des géodésiques de la métrique *gravitationnelle* de l'espace cosmologique; mais ce mouvement géodésique se limitait, en Relativité générale, à la métrique gravitationnelle *seulement,* alors que la Relativité complexe, en s'appuyant sur son tenseur *géométrique* $T_{\alpha\beta}$, a pu montrer que ce mouvement géodésique s'appliquait en fait *aux quatre interactions physiques,* comme on ne peut que le souhaiter dans une représentation qui ambitionne une véritable unification des phénomènes.

Pour calculer la déformation de la métrique ds^2 nous pouvons supposer que, en première approximation, l'espace du Réel demeure « quasi euclidien », en dépit de la présence de l'onde de courbure riemannienne :

(4-49) $$g_{\alpha\beta} = \eta_{\alpha\beta} + \lambda \underset{1}{h}_{\alpha\beta} + \lambda^2 \underset{2}{h}_{\alpha\beta} + \ldots$$

où λ désigne un paramètre scalaire, et où $\eta_{\alpha\beta}$ est le tenseur métrique diagonal habituel pour l'espace « vide ». L'onde gravitationnelle s'écrit, en coordonnées « isothermes » ⟨11⟩ :

(4-50) $$\lambda \, \square^2 \underset{1}{\gamma}_{\alpha\beta} = -2T_{\alpha\beta} = -2\xi^2 \rho_c^2 u_\alpha u_\beta$$

où nous avons :

(4-51)
$$\begin{cases} \underset{1}{\gamma}_{\alpha\beta} = \underset{1}{h}_{\alpha\beta} - \frac{1}{2}\,\eta_{\alpha\beta}\underset{1}{h} \\ \underset{1}{h} = \eta^{\alpha\beta}\underset{1}{h}_{\alpha\beta}. \end{cases}$$

Nous sommes bien avec (4-50) en présence d'une *onde gravitationnelle,* à vitesse de propagation égale à c, et de période égale à la période universelle T_0. Cette onde a fait l'objet d'études extensives dans le cadre de la Relativité générale, où on a depuis longtemps pressenti son existence possible. Nous ne nous étendrons donc pas plus avant sur ce sujet.

3.2. L'APPROXIMATION GRAVITATIONNELLE DE SCHWARZSCHILD.

Une formulation encore plus simplifiée du problème gravitationnel consiste à utiliser la métrique pour l'espace « vide » en symétrie sphérique proposée par Schwarzschild :

(4-52) $$ds^2 = \left(1 - \frac{2l}{r}\right) c^2\, dt - r^2(d\theta^2 + \sin^2\theta\, d\varphi^2) - \left(1 - \frac{2l}{r}\right)^{-1} dr^2$$

Comme cela est bien connu, la métrique (4-52) fournit un mouvement géodésique pour les interactions gravitationnelles, avec pour la valeur du « rayon » de Schwarzschild $2l$:

(4-53) $$2l = \frac{2G\mu}{c^2} = 2{,}49\,.\,10^{-52}\ \text{cm}$$

où μ est ici la masse propre du nucléon et G la « constante » de gravitation (nous verrons plus loin que, en Relativité complexe, cette « constante » varie en fait avec l'âge τ de l'Univers).

On peut admettre une superposition *linéaire* des rayons de Schwarzschild pour N holons (nucléons) considérés comme constituant le point-source $r = 0$ dans la métrique de Schwarzschild (4-52). Le rayon « macroscopique » R_s de Schwarzschild, pour une masse macroscopique M (étoile par exemple) composée de N nucléons, est alors :

(4-54) $$R_s = 2lN \# \frac{M}{\mu}\frac{2G\mu}{c^2} = \frac{2MG}{c^2}$$

On voit que les *effets de non-linéarité* apparaissent quand le rayon physique R de l'objet (supposé sphérique) de masse M approche le rayon macroscopique R_s de Schwarzschild. Pour une étoile de rayon R et de masse M ces effets non linéaires vont prendre place pour un rayon R de l'étoile de l'ordre de R_s, soit :

(4-55) $$R \simeq R_s = \frac{2MG}{c^2} \simeq 10^{-28} M\ \text{cm}$$

Pour une étoile ayant la masse du Soleil ($M_0 = 2\,.\,10^{33}$ g), de forts effets non linéaires de déformation de l'espace (étoiles super-denses) apparaissent donc numériquement, d'après (4-55), pour :

(4-55-*a*) $$R \simeq 10^5\ \text{cm}$$

3.3. Les étoiles super-denses et les trous noirs.

Nous ne devons pas cependant accepter sans précautions cette conclusion, que paraissait pourtant il est vrai encourager la Relativité générale, que pour un rayon d'étoile R nettement plus petit que R_s (4-54), l'étoile super-dense va se transformer en un véritable petit « univers » dans lequel l'espace se referme sur lui-même, et qu'on appelle généralement *trou noir.* La métrique de Schwarzschild (4-52) ne s'applique en effet qu'à un espace *homogène et isotrope,* alors qu'il est clair que la densité de la matière dans une étoile, ou son équivalent la courbure riemannienne scalaire, se modifient tout au long de la distance radiale entre le centre et la périphérie de l'étoile. La seule métrique applicable au cas d'une étoile est donc, dans l'approximation sphérique :

$$ds^2 = e^{\nu} c^2 \, dt^2 - r^2(d\theta^2 + \sin^2 \theta \, d\varphi^2) - e^{\lambda} \, dr^2 \tag{4-56}$$

c'est-à-dire la métrique que nous avons utilisée nous-même en Relativité complexe pour le modèle holonique (Système H, 4-11), au début du présent chapitre IV. L'étude numérique approfondie que nous avons alors effectuée, notamment pour les *très hautes* densités centrales, valide aussi bien pour les holons que pour les étoiles super-denses (voir ⟨2⟩), démontre sans équivoque que *nous n'obtiendrons* JAMAIS *un univers fermé* par l'augmentation de la densité centrale d'une configuration spatiale sphérique, et cela reste vrai même pour une densité centrale *infinie.* Le rapport $2l/R$ du rayon de Schwarzschild $2l$ au rayon R de l'étoile est en effet *toujours plus petit que l'unité* (§ I. 3 *in fine*), ceci se vérifie aussi bien par les calculs de la Relativité complexe s'adressant plus particulièrement aux holons que par les calculs ⟨2⟩ étudiant les étoiles super-denses, et basés alors principalement sur les équations de la Relativité *générale.*

Il est vrai, et ceci a été depuis très longtemps calculé par Einstein lui-même, que la diminution $\Delta\nu$ de la fréquence propre ν_0 d'un photon quittant la surface d'une étoile de rayon R et de masse M est telle que, pour un très haut potentiel gravitationnel à la surface de l'étoile, ce photon peut littéralement « s'éteindre » au cours de son éloignement de l'étoile. La variation $\Delta\nu$ de la fréquence initiale ν_0 du photon se calcule ⟨11⟩ en effet comme étant :

$$\Delta\nu = \nu_0 \left[1 - \left(1 - \frac{2GM}{Rc^2}\right)^{\frac{1}{2}}\right] \tag{4-57}$$

et par conséquent *tous* les photons (quelle que soit leur fréquence initiale), « s'éteignent » pour un rayon de l'étoile plus petit que :

$$R = \frac{2GM}{c^2} \tag{4-58}$$

Mais ce résultat *ne signifie naturellement pas* que disparaisse « matériellement » de notre Univers cosmologique l'étoile elle-même, comme si cet espace cosmologique donnait naissance à une sorte de « bulle » spatiale, *séparée* de notre espace cosmologique, et enfermant l'étoile super-dense. Le Système *E* représentant l'espace Imaginaire, étudié en détail également au chapitre III qui précède, a montré que l'espace ne peut former des micro-univers individualisés (et ayant donc leurs propres « dimensions ») *que pour des masses propres m_n bien définies, sans rapport avec les masses stellaires.* Il a aussi été démontré que de tels micro-univers de l'espace de l'Imaginaire étaient le résultat d'*effets quantiques* (préons et éons), alors que la quantification ne paraît jouer aucun rôle en matière de corps cosmiques (la Relativité complexe aura cependant, comme nous le verrons au chapitre V, à revenir quelque peu sur la généralité de cette dernière conclusion... ce qui ne peut trop nous étonner, puisque le plus grand est nécessairement fait du plus petit).

D'un autre côté, le Système *H*, qui donne une représentation des Formes possibles dans l'espace du Réel, a montré que *la seule* Forme stable microscopique est celle ayant la densité centrale du nucléon, et que d'ailleurs les masses et les rayons des structures (alors instables) pour des densités centrales plus grandes que celle du nucléon ne variaient que très peu par rapport aux valeurs correspondantes du nucléon, tendant toutes asymptotiquement vers des masses et des rayons à peine plus grands que ceux du nucléon pour une densité centrale tendant vers l'infini. Ceci veut dire à son tour que les étoiles super-denses, nécessairement composées de particules de matière, *ne peuvent pas pour une masse donnée M décroître leur rayon R plus bas qu'un rayon minimum;* les étoiles super-denses ne peuvent donc pas accroître leur densité centrale au-delà d'une certaine limite, pratiquement fournie par la densité *moyenne* du nucléon, c'est-à-dire de l'ordre de 7.10^{16} g/cm^3 d'après (4-17). Les études relativistes des étoiles super-denses effectuées par les physiciens soviétiques ⟨2⟩ ont clairement confirmé ces résultats au moyen de calculs numériques précis : ces étoiles, étudiées théoriquement jusqu'à des densités centrales infinies, tendent toutes vers une masse de l'ordre de 0,43 fois la masse du Soleil, et un rayon de 6,2 kilomètres, soit une densité moyenne de l'ordre de 10^{15} g/cm^3. Le rapport masse/rayon est environ six fois *plus faible* que la limite (4-55), au-delà de laquelle l'espace cosmologique aurait été capable de « se refermer » sur lui-même autour de l'étoile super-dense.

En conclusion, si le terme « trou noir » désigne une région de l'espace devenue *invisible* à cause du fait que cette région enferme une étoile si dense que la lumière émise par la surface de cette étoile « s'éteint » quand les photons la quittent, alors nous pouvons affirmer, d'après les études ci-dessus, que, oui, *il peut* exister de tels « trous noirs » dans le ciel (encore que, à ma connaissance, on n'en ait pas encore fait (1986) une preuve expérimentale décisive). Mais si nous entendons par trou noir une ultra-super-dense étoile s'échappant de notre espace cosmologique (unique) pour constituer un petit univers individualisé, nous devons catégoriquement répondre que *de tels trous noirs n'existent pas,* ou ne peuvent en tout cas pas être « engendrés » par notre Univers cosmologique constituant l'espace *du Réel.* Les seuls micro-univers « refermés sur eux-mêmes » sont, d'après la Relativité complexe, les préons et les éons de l'espace *Imaginaire :* d'une manière sans doute un peu paradoxale, ces micro-univers de l'Imaginaire ne sont nullement (comme les « prétendus » trous noirs stellaires) hors de notre perception, ce sont eux au contraire qui localisent TOUTE l'impulsion-énergie que contient notre monde perceptible, notre Univers.

3.4. VARIATION DE LA « CONSTANTE » *G* DE LA GRAVITATION.

La valeur de la « constante » G de la gravitation, comme cela est bien connu au moyen de la Relativité générale d'Einstein, et aussi (4-53) à partir de la Relativité complexe, peut être introduite dans les équations gravitationnelles déduites de la métrique (4-52). Mais la Relativité générale ne nous dit rien sur la variation possible de G avec l'âge de l'Univers : on connaît, par une mesure expérimentale, la valeur de *G aujourd'hui;* cette valeur a-t-elle changé au cours du temps, quelle était-elle au début de l'Univers, au moment où se formaient les corps cosmiques? Quelle sera-t-elle dans des milliards d'années?

La réponse à ce type de questions concernant G ne peut être obtenue qu'en faisant directement entrer *G dans l'élaboration du modèle cosmologique,* et non en se contentant d'en faire un paramètre expérimental simplement *compatible* avec le modèle cosmologique... comme nous l'avons pourtant fait d'abord nous-même ci-dessus, en associant G au mécanisme *microscopique* de génération du potentiel gravitationnel par les nucléons. Il paraît cependant naturel de s'attendre à voir, de quelque façon, G associé *à la courbure riemannienne scalaire globale de l'Univers dans son ensemble,* et non seulement à la structure holonique. Nous verrons au chapitre V qu'il existe effectivement une relation entre G et la masse totale M de l'Univers (masse totale relativiste des particules de matière + « masse » correspondant au rayonnement noir électromagnétique).

Anticipant sur ces résultats du chapitre qui suit, nous verrons que G possède une variation relative :

$$\frac{1}{G}\frac{dG}{d\tau} \qquad \text{(4-49)}$$

qui est actuellement de l'ordre de 5.10^{-16} par an, et deviendra pratiquement nulle au moment du maximum d'expansion de notre Univers. Cependant, cette variation relative de *G a été beaucoup plus grande* pendant les premières centaines de millions d'années de notre Univers : G part d'une valeur initiale, à $\tau=0$, de $2{,}21.10^{-11}$ cgs, soit environ 1/3 000 de sa valeur présente ($6{,}67.10^{-8}$ cgs), puis G commence par *augmenter* jusqu'à un maximum de 7.10^{-8} cgs, atteint vers l'âge de 650 millions d'années; G va ensuite *décroître* lentement, pour tendre vers un minimum de $6{,}66.10^{-8}$ cgs au moment de la demi-période (2 371 milliards d'années) de notre Univers en pulsation.

Nous examinerons en grand détail ces importants aspects (dont nous n'avons voulu donner ici qu'un « avant-goût ») dans le chapitre V.

CHAPITRE V

L'UNIVERS DANS SON ENSEMBLE

Rappelons d'abord que, par le mot « Univers », nous entendons ici *la totalité* de l'espace-temps, comprenant *à la fois* l'espace temps du Réel et l'espace-temps de l'Imaginaire :

(5-1) $$\text{UNIVERS} = \text{RÉEL} \cup \text{IMAGINAIRE}$$

où le symbole $\cup$ représente celui de l'union de deux ensembles de points d'espace-temps, dans le sens de la théorie des ensembles.

C'est vrai que, dans ce chapitre final, nous allons essentiellement nous préoccuper *du Réel* dans son ensemble, et non pas tellement de l'Imaginaire (que nous avons examiné au chapitre III). Mais, comme nous y avons insisté maintes fois, il n'est pas possible, dans une représentation *unifiée* (c'est-à-dire aussi « complète » que possible) des phénomènes physiques, de séparer les Formes du Réel des Symboles de l'Imaginaire qui, principalement en termes d'impulsion-énergie, donnent une signification à ces Formes; et, de même, ces Symboles de l'Imaginaire seraient pratiquement vides de sens s'ils ne s'appliquaient pas à la représentation et la coordination des Formes du Réel. Nous en avons eu une illustration au chapitre IV, quand nous avons montré comment l'imaginaire et le Réel étaient associés par une relation bi-univoque entre les équations qui les représentent et les conditions initiales de ces équations.

L'Univers est UN, il est fait des Formes du Réel parmi lesquelles se déplacent les « traces » ponctuelles P des micro-univers Imaginaires M; dans ces micro-univers M est localisé et représenté toute l'impulsion-énergie de l'Univers, impulsion-énergie que l'Imaginaire « prête » au Réel pour en « modeler » ses formes.

I. LES CONSTITUANTS DE L'ESPACE DU RÉEL

Les constituants de l'espace du Réel sont ceux qui, d'une façon générale, composent *tout univers fermé :* de la matière, une température absolue de l'espace, une impulsion linéaire et radiale présente dans l'espace, le tout formant une structure homogène et isotrope. Ces constituants sont LES MÊMES que ceux que nous avons rencontrés déjà pour composer l'espace *de l'Imaginaire* (chapitre III, § II. 1). On peut dire encore que la Relativité complexe montre que la Nature utilise les mêmes «procédés» fondamentaux pour «construire» aussi bien le microscopique que le macroscopique : l'unification entre le plus petit et le plus grand, c'est sans doute aussi cela.

1. Une densité propre de l'énergie cosmologique D_ρ.

C'est la densité d'énergie qui se rapporte à ce qu'on nomme généralement l'«espace vide». Cet espace «vide» peut contenir, en principe (c'est le modèle cosmologique qui devra le confirmer, s'il y a lieu), aussi bien une densité propre homogène ρ de matière qu'une impulsion P_ρ. Sans doute l'impulsion *moyenne* globale doit-elle être nulle en chaque point dans un modèle cosmologique, puisqu'on accepte le principe d'homogénéité et d'isotropie moyenne de l'espace à chaque instant de l'âge τ de l'Univers (principe cosmologique). Cependant, le *carré* de cette impulsion peut être différent de zéro. P_ρ entre alors dans le tenseur géométrique $T_{\alpha\beta} = \xi^2\rho^2 u_\alpha u_\beta$, et devient donc par ce fait une composante de la *géométrie* de l'espace-temps. Nous écrivons donc :

$$\frac{W_\rho^2}{c^2} - \sum_{j=1}^{3} P_{j\rho}^2 = \Omega_0^2 c^2 \rho^2 \tag{5-3}$$

avec :

$$D_\rho = \frac{W_\rho}{\Omega_0} \quad P_{j\rho}^2 = \frac{P_\rho^2}{3} \qquad (j = 1, 2, 3) \tag{5-4}$$

D_ρ tient compte de la densité d'énergie associée au *potentiel gravitationnel* de toutes les particules de matière présentes à chaque instant dans l'espace du Réel (partie holonique de la particule, voir chapitre IV).

2. Une densité d'énergie électromagnétique D_E

Elle est faite du rayonnement noir associé, à chaque instant τ, à une température absolue θ de l'espace total et fermé de l'Univers dans son ensemble :

$$D_E = a\theta^4 \tag{5-5}$$

où $a = 7{,}62\ 10^{-15}$ cgs est la constante de Stephan.

Cette densité d'énergie D_E tient compte de toute *l'énergie électromagnétique* présente dans l'espace à chaque instant, puisque toute cette énergie se transforme toujours en rayonnement noir *avec le temps,* les photons (ou plutôt leur « trace » ponctuelle dans le Réel) ne pouvant s'échapper de l'espace cosmologique « fermé » du Réel.

3. Une densité d'énergie matérielle D_M.

Celle-ci est associée aux particules de matière présentes à chaque instant dans l'espace cosmologique.

Nous pouvons écrire :

(5-6) $$D_M = D_N + D_\nu$$

où D_ν concerne les neutrinos et D_N les particules de masse propre non nulle (principalement des nucléons).

D_N désigne ici la densité d'énergie *relativiste* des particules de matière, qui tient compte de leur énergie cinétique dans le référentiel cosmologique de l'Univers dans son ensemble (référentiel Forme-âge $(\eta,\ c\tau)$). Quelques-unes de ces particules, comme nous le verrons, ont des vitesses v qui peuvent approcher de très près la vitesse de la lumière c (par exemple, de nos jours encore, les particules primaires du rayonnement cosmique), et nous avons donc à faire une distinction entre l'énergie « au repos » (énergie propre) D_{ON} et l'énergie relativiste D_N :

(5-7) $$D_N = D_{ON}\,(1 - v^2/c^2)^{-\frac{1}{2}}$$

Toutes ces particules sont *individuellement* des particules ponctuelles, et par conséquent, en tant que particules ponctuelles individuelles, ne participent pas *directement* à la géométrie du Réel. Cependant, nous avons vu au chapitre IV qui précède que ces particules ponctuelles peuvent parfois se grouper en *ensembles infinis continus* (ensembles infinis de gluons), constituant une Forme holonique (nucléon), dotée d'une pulsation radiale de période universelle T_0. La pulsation du holon génère autour de celui-ci une onde périodique de densité d'énergie D_G (potentiel gravitationnel du holon), dont *le carré* de l'amplitude a des effets moyens *non nuls,* homogènes et isotropes à l'échelle de l'Univers entier, effets dont la quantité D_G^2 tient compte, et qui participera donc à la détermination de la géométrie de l'Univers dans son ensemble.

Ainsi, *toutes* les Formes présentes dans l'espace du Réel, directement ou indirectement, *participent* à la géométrie globale de l'Univers. Il va de soi (conservation de l'impulsion-énergie, 2-5) que ces Formes, au moyen de leur partie Imaginaire, participent également toutes au bilan global *de l'impulsion-énergie* pour l'Univers dans son ensemble.

II. L'ÉNERGIE TOTALE DE L'UNIVERS EST IDENTIQUEMENT NULLE

Précisément à cause de la nécessaire conservation de l'impulsion-énergie pour l'Univers considéré dans son ensemble, on ne peut éviter d'affirmer que l'Univers *doit à chaque instant de son âge* τ *contenir une impulsion-énergie globalement nulle* (c'est-à-dire *identiquement* nulle). En effet, s'il n'en était pas ainsi, comment pourrions-nous justifier l'impulsion-énergie existante à aucun moment de l'histoire de l'Univers, puisque l'Univers dans son ensemble, *par définition,* ne possède aucune autre source d'énergie que lui-même, et aucune autre région vers laquelle «évacuer» éventuellement de l'énergie? Force nous est donc d'écrire, dans le cadre d'une représentation *scientifique* de notre Univers :

$$\boxed{D_\rho + D_E + D_M \equiv 0.} \qquad (\forall \tau) \tag{5-8}$$

Cependant, c'est ici le moment de rappeler encore une fois le formalisme de la Relativité complexe, qui traite l'énergie comme une quantité *algébrique,* susceptible de prendre des valeurs positives (énergie) et négatives (anti-énergie). Nous pouvons même ajouter : cet argument de ne pouvoir doter l'Univers dans son ensemble que d'une énergie *identiquement nulle* nous paraît si fort que, si la Relativité complexe n'avait pas directement, et dès le départ de l'élaboration de son formalisme, été conduite à la notion d'une énergie algébrique, arrivé à l'examen de l'Univers cosmologique dans son ensemble il nous aurait bien fallu l'inventer.

III. LE TENSEUR GÉOMÉTRIQUE COSMOLOGIQUE

Ce tenseur s'écrit (3-23) :

$$T_{\alpha\beta} = \xi^2 \rho^2 u_\alpha u_\beta \qquad (\alpha,\ \beta = 1 \text{ à } 4) \tag{3-23-a}$$

et ses composantes diagonales normales, en termes des constituants de l'espace du Réel, sont :

$$\begin{cases} \mathbb{T}^j_j = \dfrac{1}{3}\dfrac{\xi^2}{c^4} D_E^2 - \dfrac{1}{3}\dfrac{P_\rho^2}{\hbar^2} \\[2ex] \mathbb{T}^4_4 = \xi^2\rho^2 + \dfrac{P_\rho^2}{\hbar^2} - \dfrac{\xi^2}{c^4} D_E^2 \end{cases} \tag{5-9}$$

On note que nous faisons une nouvelle fois usage ici du théorème de Jonckbloedt (2-61), et choisissons une composante *négative* de $\mathbb{T}_4^4$ pour le rayonnement noir à température θ emplissant l'espace cosmologique, afin d'éviter toute *singularité* dans le modèle cosmologique.

IV. LES ÉQUATIONS COSMOLOGIQUES

Nous utilisons la métrique de Schwarzschild à symétrie sphérique pour un espace-temps homogène et isotrope, écrite dans un référentiel Forme-âge (η, $c\tau$), comme nous l'avions fait pour le micro-univers de l'Imaginaire (3-24) :

$$\text{(5-10)} \quad \overline{ds^2} = c^2\, dt^2 = c^2\, d\tau^2 + R^2(\tau)\left[(d\eta^1)^2 + (d\eta^2)^2 + (d\eta^3)^2\right]\left(1 + \frac{K\eta^2}{4}\right)^{-2}$$

où $R(\tau)$ est le rayon spatial de l'Univers à l'âge τ et K ($= +1$, 0 ou -1) le signe de la courbure spatiale.

Nous sommes finalement conduits à des équations cosmologiques *identiques* à celles qui représentaient les micro-univers éoniques de l'Imaginaire (3-24) :

$$\text{(5-11)} \quad \begin{cases} \dfrac{2R''}{R} + \left(\dfrac{R'}{R}\right)^2 - \dfrac{Kc^2}{R^2} - \Lambda c^2 = c^2\, \mathbb{T}_j^j = \dfrac{1}{3}\, \xi^2\, \dfrac{D_E^2}{c^2} - \dfrac{1}{3}\, \dfrac{c^2}{\hbar^2}\, P_\rho^2 \\ 3\left(\dfrac{R'}{R}\right)^2 - \dfrac{3Kc^2}{R^2} - \Lambda c^2 = c^2\, \mathbb{T}_4^4 = \xi^2 c^2\left(\rho^2 - \dfrac{D_E^2}{c^4}\right) + \dfrac{c^2}{\hbar^2} P_\rho^2 \end{cases}$$

où les « primes » signifient une différenciation par rapport à l'âge τ de l'Univers.

V. VARIATION DE ρ ET D_E AVEC LE RAYON SPATIAL $R(\tau)$

A nouveau, comme nous l'avions fait précédemment pour les micro-univers de l'Imaginaire (3-27 et 3-30), nous choisissons des variations de la densité propre cosmologique ρ de « l'espace vide », et de la densité d'énergie D_E du rayonnement noir qui satisfassent la conservation du tenseur géométrique $T_{\alpha\beta}$:

$$\text{(5-12)} \quad \nabla_\alpha T^\alpha_\beta \equiv 0. \qquad (\forall \tau)$$

a) Nous supposons qu'il y a conservation de la masse propre totale de l'espace « vide », quel que soit le rayon $R(\tau)$ de l'espace du Réel :

$$\text{(5-13)} \quad \rho = \frac{\alpha}{R^3} \qquad (\alpha = \text{constante})$$

b) Nous supposons également que la radiation électromagnétique noire à température absolue θ emplissant tout l'espace, et dont la densité d'énergie D_E s'écrit :

(5-14) $$D_E = a\theta^4$$

varie de manière *adiabatique* avec le rayon spatial $R(\tau)$. Ceci s'écrit $\langle 10 \rangle$:

(5-15) $$\theta R = \text{constante} \qquad (\forall \tau)$$

soit encore, avec (5-14) :

(5-16) $$\frac{D_E}{c^2} = \frac{\beta}{R^4} \qquad (\beta = \text{constante})$$

Le théorème de Jonckbloedt (2-61) nous indique que les expressions : (5-13) pour la variation de ρ et (5-16) pour la variation de D_E, vérifient bien les équations (5-12) assurant la conservation du tenseur géométrique $T_{\alpha\beta}$.

VI. LES CONDITIONS INITIALES ET COMPLÉMENTAIRES

1. L'instant initial $\tau = 0$ et l'instant τ_0 où $R' = dR/d\tau = c$.

Les équations cosmologiques (5-11) donnent :

(5-17) $$\frac{R'^2}{c^2} = -\frac{1}{6}\frac{\xi^2\alpha^2}{R^4} + K + \frac{1}{3}\Lambda R^2 + \frac{A}{R^2}.$$

(5-18) $$P_\rho^2 = \frac{\hbar^2}{R^4}\left(\frac{\xi^2\beta^2}{R^4} - \frac{3}{2}\frac{\xi^2\alpha^2}{R^2} + 3A\right)$$

où A désigne une constante d'intégration. On calcule cette constante A en choisissant les conditions complémentaires suivantes :

(5-19) $$\tau = \tau_0 \quad \begin{cases} R = R_0 \\ P_\rho = 0 \\ R' = c \end{cases}$$

L'instant τ_0, notons le, n'est pas a priori l'instant *initial* $\tau = 0$, auquel nous donnons la *définition* suivante :

(5-20) $$\tau = 0 \quad \begin{cases} R = R_i \\ R' = 0 \end{cases}$$

où R_i désigne le rayon *initial* de l'Univers. Ce rayon initial R_i sera calculé plus tard (§ XII), et nous verrons alors que ce rayon initial *n'est pas nul,* évitant au modèle cosmologique issu de la Relativité complexe cette *singularité à l'origine* qui frappe pratiquement *tous* les modèles cosmologiques déduits de la Relativité générale.

Par ailleurs, étant donné que l'énergie totale enfermée à chaque instant τ dans l'espace de l'Univers est nul, la vitesse maximum $R'=c$ est permise *à tout instant.* Y a-t-il cependant un instant τ où *il faut* qu'on ait $R'=c$ dans le modèle cosmologique? Nous allons voir que cette vitesse $R'=c$ est *requise* à l'instant où l'impulsion P_ρ de l'espace « vide » est *nulle,* comme spécifié en (5-19). En effet, cette condition complémentaire est *nécessaire* alors pour que P_ρ^2 demeure *positif* (ou nul) quel que soit l'âge τ, comme nous le vérifierons en (5-33) ci-dessous.

2. Calcul de la constante d'intégration *A* et équations finales.

Avec (5-19) on calcule facilement la constante d'intégration A figurant dans (5-17) et (5-18) :

(5-21) $$A=\frac{1}{2}\,\xi^2\,\frac{\alpha^2}{R_0^2}-\frac{1}{3}\,\xi^2\,\frac{\beta^2}{R_0^4}$$

et on obtient finalement pour les équations cosmologiques (5-17) et (5-18) :

(5-22) $$\frac{R'^2}{c^2}=\frac{1}{6}\,\frac{\xi^2}{R^2}\left[\alpha^2\left(\frac{3}{R_0^2}-\frac{1}{R^2}\right)-\frac{2\beta^2}{R_0^4}\right]+K+\frac{1}{3}\,\Lambda R^2$$

(5-23) $$P_\rho^2=\frac{1}{2}\,\frac{\xi^2\hbar^2}{R^4}\left[3\alpha^2\left(\frac{1}{R_0^2}-\frac{1}{R^2}\right)-2\beta^2\left(\frac{1}{R_0^4}-\frac{1}{R^4}\right)\right]$$

et en dérivant (5-22) :

(5-24) $$R''=\frac{c^2}{6R^3}\left[2\xi^2\,\frac{\beta^2}{R_0^4}-\xi^2\alpha^2\left(\frac{3}{R_0^2}-\frac{2}{R^2}\right)+2\Lambda R^4\right]$$

(5-23) et la condition :

(5-25) $$R'^2\geqslant 0$$

conduisent à la valeur du signe K de la courbure spatiale de l'Univers dans son ensemble :

(5-26) $$K=+1$$

qui signifie que nous avons un espace *sphérique* pour le Réel dans son ensemble, possédant donc un volume *fini* $2\pi^2R^3$, et une distance « maximum » $L=\pi R\cdot$(pour une coordonnée η infinie).

(5-24) et (5-26) indiquent aussi pour la constante cosmologique Λ :

(5-27) $$\Lambda<0$$

qui signifie que *l'expansion* de l'espace du Réel s'arrêtera dans le futur et se transformera alors en une *contraction,* ceci pour un âge de l'Univers égal à sa demi-période $T/2$:

(5-28) $$\tau = \frac{T}{2} \quad \begin{cases} R = \mathcal{R} \\ R' = 0 \end{cases}$$

T est appelée la *période de pulsation* de l'Univers dans son ensemble.

3. Maximum de R' et minimum de P_ρ à l'âge τ_0 de l'Univers.

La condition complémentaire (5-19) $R' = c$ à $\tau = \tau_0$ signifie aussi :

(5-29) $$\tau = \tau_0 \qquad R'' = 0$$

puisque la vitesse c doit aussi correspondre à un *maximum* (sans point anguleux) de R' (pas d'accélération de l'expansion à $\tau = \tau_0$).

Avec (5-19), (5-20), (5-22), (5-23) et (5-24) nous calculons maintenant :

(5-30) $$\alpha^2 = \frac{4}{3}\frac{\beta^2}{R_0^2}$$

(5-31) $$\Lambda = -\frac{1}{4}\frac{\xi^2\alpha^2}{R_0^6} = -\frac{1}{3}\frac{\xi^2\beta^2}{R_0^8}$$

et ensuite :

(5-32) $$\left(\frac{dP_\rho}{d\tau}\right)_{\tau=\tau_0} = 0$$

(5-33) $$P_\rho^2 \geqslant 0 \qquad (\forall \tau)$$

On voit que l'impulsion P_ρ présente dans l'espace « vide » de l'Univers est ici toujours *réelle.* Nous constaterons plus tard (§ XIII. 4) que cette impulsion P_ρ est en fait transférée aux particules de matière emplissant l'espace, prenant la forme d'une énergie cinétique additionnelle qui sera à l'origine de l'énorme énergie de certains primaires du rayonnement cosmique, tels qu'on observe ces primaires encore aujourd'hui.

VII. LA LOI DE RÉCESSION DE HUBBLE

La loi générale de récession/rapprochement liant vitesse et distance dans un univers fermé en pulsation ($K = +1$), que nous avions établie pour les micro-univers éoniques *de l'Imaginaire* rapportés à un référentiel Forme-âge (chapitre III, § I. 6), est bien entendu *encore valable* pour l'Univers cosmologique, puisque ce dernier est représenté par des équations identiques (seules les conditions initiales et complémentaires sont différentes).

Rappelons donc simplement les résultats obtenus.

Pour un Univers *fermé* ($K=+1$) la distance l est donnée en fonction de la coordonnée *non dimensionnelle* η par :

(5-34) $$l=2R(\tau)\ \mathrm{arc\ tg}(\eta/2)$$

La coordonnée *dimensionnelle* $\bar{\eta}$ s'écrit :

(5-35) $$\bar{\eta}=\eta R(\tau)$$

La loi de Hubble a été calculée (3-14) comme s'écrivant :

(5-36) $$\boxed{\frac{v}{c}=\frac{lR'}{\sqrt{c^2R^2+l^2R'^2}}}$$

qui est, comme on le constate, applicable *quelle que soit la distance l* entre l'objet observé et l'observateur.

Pour la distance *maximum :*

(5-37) $$L=\pi R(\tau)$$

la vitesse relative de récession a sa valeur également *maximum :*

(5-38) $$\beta_{\max}=\left(\frac{v}{c}\right)_{\max}=\frac{\pi R'}{\sqrt{c^2+\pi^2R'^2}}$$

Étant donné que R' ne peut jamais excéder c, nous obtenons comme le « redshift » *Z maximum maximorum* pour tout objet de l'Univers :

(5-39) $$Z_{\max}=\left(\frac{\Delta\lambda}{\lambda}\right)_{\max}=\left(\frac{1+\beta_{\max}}{1-\beta_{\max}}\right)^{\frac{1}{2}}-1=5{,}438$$

que l'on pourra comparer avec le « redshift » maximum présentement (1986) observé (quasar PKS 2000-330) :

(5-40) $$Z_{\max\,\mathrm{obs}}=3{,}78$$

VIII. UN UNIVERS D'ACTION, DE SPIN ET DE PULSE TOUS TROIS NULS

1. Action.

Étant donné que, comme nous l'avons déjà souligné, l'Univers dans son ensemble doit être considéré comme un système rigoureusement *isolé* (par définition même du terme « Univers dans son ensemble », qui signifie le Tout), nous sommes conduits à affirmer que l'action totale associée à l'impulsion-énergie de l'Univers sur une période T de sa pulsation est *nulle.* Ceci s'écrit :

$$(5\text{-}41) \quad A=\int_0^T 2\pi^2 c^2 R^3\left(\frac{D_\rho}{c^2}+\frac{\beta}{R^4}+\frac{D_M}{c^2}\right)d\tau+2\pi(S+P)=0$$

S et P sont des quantités appelées respectivement le spin et le pulse de l'Univers dans son ensemble, que nous définissons ci-dessous.

2. Spin.

Nous nommons *spin* de l'Univers dans son ensemble la quantité :

$$(5\text{-}43) \qquad S=\int_0^T \pi R^3\left(\frac{\alpha}{R^3}+\frac{\beta}{R^4}+\frac{D_{ON}}{c^2}\right)v^2(1-v^2/c^2)^{-\frac{1}{2}}\,d\tau$$

qui prend en compte l'action totale (divisée par 2π) associée au mouvement de chaque point X de l'espace du Réel.

3. Pulse.

Nous nommons *pulse* de l'Univers dans son ensemble la quantité :

$$(5\text{-}44) \qquad P=\int_0^T\int_0^{\pi R} \pi R^3\left(\frac{\alpha}{R^3}+\frac{\beta}{R^4}+\frac{D_{0N}}{c^2}\right)\bar{v}^2(1-\bar{v}^2/c^2)^{-\frac{1}{2}}\,dl\,d\tau$$

qui prend en compte l'action totale (divisée par 2π) associée à la vitesse relative $\bar{v}$ d'expansion/contraction de chaque point X de l'espace du Réel, $\bar{v}$ dépendant, comme on le sait (loi de Hubble 5-36), de la distance l entre le point X et le centre du référentiel ($l=0$).

La Relativité complexe est, comme nous l'avons dit, conduite aux relations :

$$(5\text{-}45) \qquad \boxed{A=S=P=0}$$

qui, avec les définitions (5-41), (5-43) et (5-44), fournissent immédiatement :

$$\begin{cases} (5\text{-}46) \quad \dfrac{\alpha}{R^3}+\dfrac{\beta}{R^4}+\dfrac{D_{0N}}{c^2}\equiv 0 \\ (5\text{-}47) \quad \dfrac{D_\rho}{c^2}+\dfrac{\beta}{R^4}+\dfrac{D_M}{c^2}\equiv 0 \end{cases} \qquad (\forall\tau)$$

où D_M inclut, on s'en souvient (5-6), à la fois la densité d'énergie des nucléons et la densité d'énergie des neutrinos :

(5-6-*a*) $$D_M = D_N + D_\nu$$

On calcule donc, pour le rapport D_N/D_{0N} de la densité *relativiste* d'énergie D_N des nucléons présents dans l'espace à la densité d'énergie *propre* de ces mêmes nucléons :

(5-49) $$\frac{D_N}{D_{0N}} = \frac{D_M - D_\nu}{D_{0N}} = \frac{\dfrac{D_\rho}{c^2} + \dfrac{\beta}{R^4} - \dfrac{D_\nu}{c^2}}{\dfrac{\alpha}{R^3} + \dfrac{\beta}{R^4}} \geqslant 1 \qquad (\forall \tau)$$

La densité d'énergie D_ν des *neutrinos* présents dans l'espace doit naturellement toujours être telle que le rapport D_N/D_{0N} *ne soit jamais plus petit que l'unité.* (5-49) est donc une *condition complémentaire* du modèle cosmologique de l'Univers dans son ensemble.

IX. LA CONSTANTE COSMOLOGIQUE Λ

La constante cosmologique Λ, qui figure dans les équations fondamentales (2-25) de la Relativité complexe :

(5-50) $$R_{\alpha\beta} - \frac{1}{2} R g_{\alpha\beta} + \Lambda g_{\alpha\beta} = -T_{\alpha\beta}$$

joue un rôle important dans la théorie, aussi bien pour la représentation des micro-univers chargés de l'Imaginaire (éons) que dans la représentation du Réel dans son ensemble (modèle cosmologique).

(5-31) a établi les relations entre Λ et les constantes α et β de la théorie. On peut aussi associer Λ au rayon maximum $\mathfrak{R}$ d'expression de l'espace du Réel, quand $\tau = T/2$ et que $R' = 0$. L'équation cosmologique (5-22) permet alors d'écrire :

(5-51) $$\Lambda = \frac{3}{R^2}\left[1 + \frac{\xi^2\alpha^2}{R^2}\left(\frac{1}{4R_0^2} - \frac{1}{6\mathfrak{R}^2}\right)\right].$$

Dans l'approximation (que vérifiera plus tard l'analyse numérique des équations cosmologiques) :

(5-51-*a*) $$\mathfrak{R}^2 \gg R_0^2$$

(5-51) s'écrit :

(5-51-*b*) $$\Lambda \# -\frac{3/\mathfrak{R}^2}{1 - 3R_0^4/\mathfrak{R}^4} \# -\frac{3}{\mathfrak{R}^2}$$

X. L'ORIGINE DE L'UNIVERS ET LA PÉRIODE DU « BANG »

1. Le rayon initial R_i et l'Univers cyclique.

Nous avons pour objectif d'obtenir un modèle cosmologique *sans singularité,* notamment à l'instant $\tau = 0$ de contraction maximum de l'Univers, qui sera (par définition) *l'instant initial* $\tau = 0$ de l'Univers.

L'absence de singularité à $\tau = 0$ se traduit par deux facteurs :
— le rayon initial R_i *n'est pas nul* (donc pas de densité et/ou température devenant *infinies,* comme dans les modèles cosmologiques issus de la Relativité générale),
— la vitesse d'expansion $R' = dR/d\tau$ *est nulle* à $\tau = 0$.

Pour calculer ce rayon *initial* R_i nous ferons donc $R' = 0$ dans l'équation cosmologique (5-22). Nous obtenons alors une équation de degré 3 en R, qui nous fournit *deux racines réelles,* dont l'une est le rayon *maximum* $\mathcal{R}$ à l'âge $\tau = T/2$, l'autre étant le rayon *minimum* R_i, que nous avons aussi nommé le rayon initial, et qui nous sert à définir l'instant initial $\tau = 0$. Nous devons aussi exiger (absence de singularité à l'origine) que ce rayon initial ne soit *pas nul :*

(5-52) $$\tau = 0 \begin{cases} R = R_i \\ R' = 0 \end{cases}$$

Par ailleurs, l'équation cosmologique (5-22) démontre que le modèle n'est pas modifié pour τ changé en $-\tau$, ce qui signifie que le modèle cosmologique de la Relativité complexe est cyclique, il est en pulsation périodique entre $\tau = -\infty$ et $\tau = +\infty$, avec une période T que nous calculerons numériquement (§ XIII).

2. Le rôle des neutrinos dans le bilan d'énergie de l'Univers.

Nous avions obtenu avec (5-49), le rapport entre la densité *relativiste* D_N des nucléons présents dans l'espace et la densité *propre* D_{0N} de ces mêmes particules de matière, rapport r qui varie avec l'âge τ de l'Univers :

(5-49-*a*) $$r = \frac{D_N}{D_{0N}} = \frac{D_\rho/c^2 + \beta/R^4 + D_\nu/c^2}{\alpha/R^3 + \beta/R^4} \geqslant 1$$

Ce rapport, compte tenu de sa signification, ne doit à aucun moment de l'évolution de l'Univers devenir *plus petit que l'unité* (l'énergie

relativiste d'une particule de matière toujours supérieure ou égale à son énergie potentielle, ou énergie propre). Afin de satisfaire cette condition l'Univers fera appel à des *neutrinos*. Nous admettrons donc que :
— des neutrinos (ou des anti-neutrinos) pourront spontanément être engendrés dans l'espace de manière à satisfaire identiquement (c'est-à-dire à tout instant τ) la relation (5-49-*a*);
— si (5-49-*a*) peut être satisfait sans le concours des neutrinos, alors nous admettrons qu'à l'échelle de l'Univers dans son ensemble nous avons :

(5-49-*b*) $$D_\nu = 0$$

ce qui signifie non pas que l'espace total du Réel contient ni neutrino, ni anti-neutrino, mais qu'il possède *autant de neutrinos que d'anti-neutrinos.*

Anticipant quelque peu sur l'analyse numérique que va permettre le modèle cosmologique, nous indiquerons les résultats suivants :

a) La condition (5-49-*a*) est satisfaite *avec* $D_\nu = 0$ pour un rayon R de l'Univers satisfaisant :

(5-53) $$R \geqslant R_m$$

avec pour définition du rayon R_m :

(5-53-*a*) $$R_m = -\frac{\beta}{\alpha} \qquad (\alpha < 0)$$

b) On note avec (5-49) que, à cet âge de l'Univers où $R = R_m$, on a aussi $D_{0N} = 0$. Ce qui signifie que, pour $R = R_m$, *l'Univers s'est débarrassé de toutes les particules de matière : nucléons et/ou anti-nucléons d'une part, neutrinos et/ou anti-neutrinos d'autre part.*

c) Comparant (5-53) et (5-31), on calcule le rapport :

(5-54) $$\frac{R_0}{R_m} = \sqrt{\frac{4}{3}}$$

où nous rappelons (5-19) que R_0 est le rayon à l'instant $\tau = \tau_0$, quand la vitesse d'expansion R' est égale à la vitesse de la lumière c, et l'impulsion P_ρ dans l'espace « vide » est nulle.

Nous conviendrons d'appeler *période du « bang »* la période de l'évolution de l'Univers délimitée par :

(5-54-*a*) $$R_i \leqslant R \leqslant R_0$$

où R_i est le rayon *initial*, à $\tau = 0$. Le § suivant va nous expliquer cette expression de « bang » (ne pas confondre avec « big bang »!)

3. La période du « bang ».

Les conditions initiales de notre modèle cosmologique stipulent que nous avons $R' = 0$ à $\tau = 0$ (pas de singularité à l'origine). Cependant, l'analyse numérique du modèle va montrer que cette vitesse d'expansion R' augmente *très vite* immédiatement après $\tau=0$, et devient en fait pratiquement égale à c après les premiers 5 millions d'années (et demeure d'ailleurs ensuite proche de c pour des milliards d'années).

Ceci nous rappelle le « big bang » des modèles « traditionnels » issus de la Relativité générale. Cependant, comme nous allons le voir, cette période originelle présente en Relativité complexe des aspects *profondément différents* de ceux du « big bang », et justifie qu'on la distingue du « big bang » en la nommant plus simplement la « période du bang ».

Voici quelques-uns des principaux aspects de cette « période du bang ».

3.1. Pas de singularité à $\tau=0$.

Le rayon minimum $R=R_i$ à l'instant initial $\tau=0$ *n'est pas ici une singularité ponctuelle.* Les calculs numériques qui fournissent la solution *unique* du modèle cosmologique indiquent :

(5-54-*b*) $$\tau=0 \quad R_i=6.10^{24} \text{ cm}$$

Nous avons déjà maintes fois rappelé (doit-on s'en excuser?) que, selon nous, le fait d'accepter dans les modèles cosmologiques de la Relativité générale une telle singularité (c'est-à-dire un instant de rayon R nul, entraînant les densités et les températures de l'espace vers des valeurs *infinies*), nous paraît être un grave *abus de langage* (qu'Einstein lui-même ne s'est d'ailleurs jamais permis), et apporte bien plutôt la démonstration que ces modèles « à singularité » sont *inacceptables,* au moins pendant cette période initiale du « big bang ». On doit notamment regretter que certains physiciens n'hésitent pas à « spéculer » autour de cette singularité elle-même, et croient pouvoir tirer de ces « infinis » artificiels des conclusions prétendues physiquement valables.

3.2. Une période initiale d'anti-nucléons d'environ 300 millions d'années.

C'est la période pendant laquelle le rayon de l'Univers varie entre sa valeur initiale R_i et R_m.

Pendant toute cette période on a :

(5-55) $$\frac{D_{0N}}{D_N}=1$$

et par conséquent aussi, avec (5-46), (5-47) et (5-6) :

(5-55-*a*) $$\frac{D_\nu}{c^2}=-\frac{D_\rho}{c^2}+\frac{\alpha}{R^3}>0 \qquad \text{(neutrinos)}$$

et aussi :

(5-55-*b*) $$\frac{D_{0N}}{c^2}=\frac{D_N}{c^2}=-\frac{\alpha}{R^3}-\frac{\beta}{R^4}<0. \qquad \text{(anti-nucléons)}$$

L'espace est donc rempli de *neutrinos* ($D_\nu>0$) et d'*anti-nucléons* ($D_N<0$). Les anti-nucléons (anti-protons) sont (5-55) « au repos », donc sans impulsion, dans le référentiel cosmologique. Les densités de ces particules ($-2{,}8 \,.\, 10^{-20}$ g/cm^3 pour les anti-nucléons et $+2{,}79 \,.\, 10^{-22}$ g/cm^3 pour les neutrinos) vont toutes deux tendre vers zéro pour $R = R_m$. L'Univers a alors 303 millions d'années.

D'où provient l'énergie *cinétique* qui va donner naissance aux neutrinos pendant la période du « bang »? Elle est fournie par l'impulsion P_ρ alors présente dans l'espace « vide » (XIV. 4 ci-dessous). Cette impulsion ne peut être transférée aux anti-nucléons, compte tenu de (5-55-*b*), et génère donc dans l'espace des neutrinos, conformément à (5-55-*a*). La densité d'énergie de ces neutrinos en fonction de l'âge τ est aussi donnée directement par (5-55-*a*). Toute cette période du « bang » est illustrée dans le graphe 4 *infra*.

SYSTÈME C

Analyse numérique autour de l'instant du « bang »

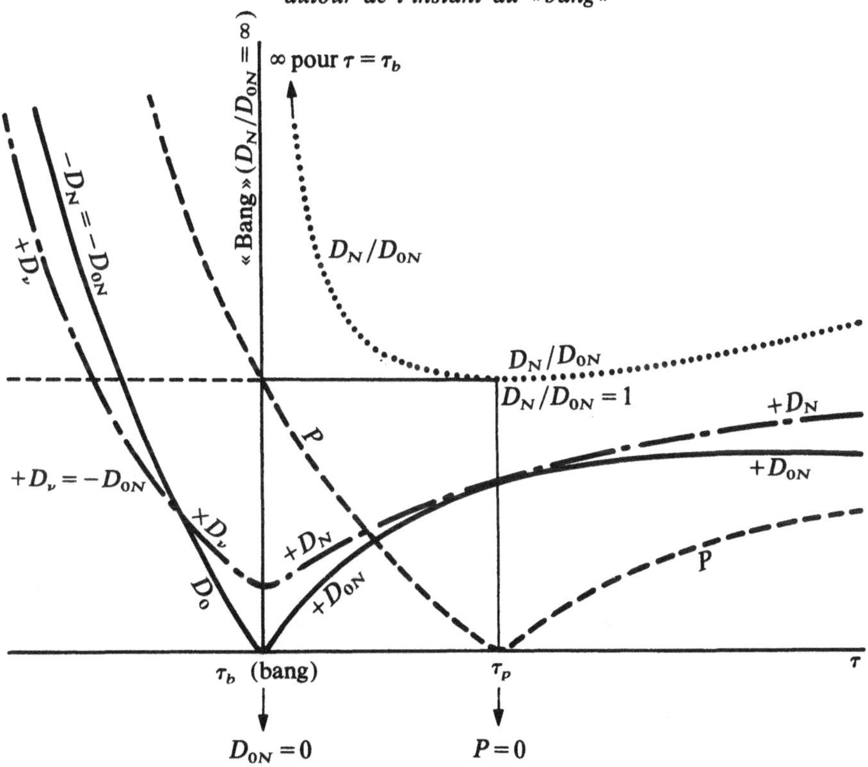

$$\left\{ \begin{array}{l} \tau_b = 303 \text{ millions années} \\ R_m = 2{,}85 \,.\, 10^{26} \text{ cm} \\ \dfrac{D_\nu}{c^2} = \dfrac{D_N}{c^2} = 1{,}8 \,.\, 10^{-28} \text{ g/cm}^3 \end{array} \right. \qquad \left\{ \begin{array}{l} \tau_P = 345 \text{ millions années} \\ R_0 = 3{,}30 \,.\, 10^{26} \text{ cm} \\ \dfrac{D_N}{c^2} = \dfrac{D_{0N}}{c^2} = 4{,}82 \,.\, 10^{-28} \text{ g/cm}^3. \end{array} \right.$$

graphe 4

3.3. VA SUIVRE UNE PÉRIODE D'ENVIRON 50 MILLIONS D'ANNÉES (APPROXIMATIVEMENT JUSQU'À $R = R_0$), PENDANT LAQUELLE APPARAISSENT DES NUCLÉONS DE TRÈS GRANDE ÉNERGIE.

On appelle d'une façon précise «bang» l'instant $\tau_b = 303$ millions d'années où vient de disparaître la dernière particule d'anti-matière. Alors commencent à apparaître les nucléons vers lesquels est brusquement transférée l'énergie restante D_ν des neutrinos. L'analyse mathématique (voir graphe 4) montre que les nucléons acquièrent de ce fait une énergie cinétique *très élevée.* En effet, le rapport $r = D_N / D_{0N}$ devient théoriquement *infini* à l'instant du «bang». Ceci va rendre compte, comme nous allons le préciser, de *l'énorme énergie de certaines des particules primaires du rayonnement cosmique,* telles qu'on les observe encore aujourd'hui.

Par ailleurs, ces nucléons très énergiques, formés pendant la période du «bang» vers 300 millions d'années d'âge de notre Univers, peuvent être (au moins en partie) responsables des réactions nucléaires prenant alors place dans l'espace cosmologique, réactions qui vont représenter une contribution à la *formation des éléments* plus lourds que l'hydrogène.

XI. LA «CONSTANTE» G DE LA GRAVITATION ET LA MASSE DE L'UNIVERS DANS SON ENSEMBLE

Nous nous souvenons (4-52) qu'une représentation approximative de l'interaction gravitationnelle peut-être fournie en faisant l'hypothèse d'un espace *quasi euclidien* utilisant une métrique de Schwarzschild en symétrie sphérique :

$$ds^2 = \left(1 - \frac{2l}{r}\right) c^2\, dt^2 - r^2 (d\theta^2 + \sin^2\theta\, d\varphi^2) - \left(1 - \frac{2l}{r}\right)^{-1} dr^2 \tag{5-56}$$

où $2l$ est appelé le rayon de Schwarzschild. Dans cette approximation on suppose que la masse M engendrant le potentiel gravitationnel est une source «ponctuelle» située à l'origine $r = 0$ du référentiel, et l'espace autour de cette source gravitationnelle ponctuelle est considérée comme un espace «vide», cependant légèrement modifié par le potentiel gravitationnel de M. On calcule $\langle 11 \rangle$ pour le rayon de Schwarzschild $2l$:

$$2l = \frac{2GM}{c^2} \tag{5-57}$$

où G est la «constante» de la gravitation. On constate que, d'après (5-56), l'espace autour de M «se referme» sur lui même à la distance $r = 2l$, de telle sorte que l'on peut ici dire que la masse M *génère* autour d'elle, par l'intermédiaire de son potentiel gravitationnel, *un espace sphérique fermé.*

Une approche un peu différente de ce problème gravitationnel pourrait consister à dire que notre immense espace cosmologique, *considéré dans son ensemble,* peut aussi, sans aucun doute, être assimilé à un espace *quasi euclidien,* donc susceptible d'être représenté par une métrique de Schwarzschild de la forme (5-56). En effet, la courbure scalaire riemannienne de l'espace pour un Univers dans son ensemble est très petite. Cette petite courbure est elle-même produite par la présence dans l'Univers d'une masse totale M, qui est ce qu'on peut appeler *la masse M de l'Univers.* Cette masse M, comme nous le confirmera plus loin notre modèle cosmologique ($K=+1$), «referme sur lui-même» l'espace d'ensemble de notre Univers, et génère de cette manière notre Univers fermé et en pulsation.

Par ailleurs, la Relativité complexe conduit, comme nous l'avons souligné, à un modèle cosmologique *sans singularité* à l'origine des temps, de telle sorte que la métrique de Schwarzschild (5-56) ci-dessus est applicable pour une évolution *complète* sur une période de pulsation de l'espace du Réel, même à l'origine $\tau=0$ de l'âge de l'Univers (où les modèles cosmologiques issus de la Relativité générale ne sont plus valides).

Pour ces différentes raisons, nous proposons d'introduire en Relativité complexe la «constante» G de la gravitation *directement* au niveau du modèle cosmologique, en supposant que le rayon spatial $R(\tau)$ de l'espace Réel dans son ensemble est, à chaque instant τ, *le rayon de Schwarzschild* d'une métrique où la masse $M(\tau)$ est la masse contenue dans la totalité de notre Univers à l'instant τ. Ceci s'écrit, avec (5-57) :

(5-58) $$R(\tau)=\frac{2G(\tau)M(\tau)}{c^2}$$

Qu'allons-nous alors appeler *la «masse M de l'Univers»?* Cette masse doit être celle qui contribue, dans la métrique de Schwarzschild, à «refermer» l'espace du Réel dans son ensemble. Le § I ci-dessus nous indique alors que cette masse M doit s'écrire :

(5-59) $$M=2\pi^2R^3\left(\frac{D_M}{c^2}+\frac{\beta}{R^4}\right).$$

a) D_M est la densité d'énergie figurant dans (5-6), tenant compte de l'énergie *totale* (potentielle et cinétique) des particules de matière, et incluant les nucléons et, s'ils sont présents, les neutrinos.

b) $\beta c^2/R^4$ est la densité d'énergie du rayonnement noir à température θ emplissant tout l'espace.

Utilisant alors (5-8), qui nous précise que l'énergie totale contenue dans l'espace du Réel est identiquement nulle :

(5-60) $$D_\rho+\frac{\beta c^2}{R^4}+D_M=0 \qquad (\forall\tau)$$

on voit que la masse M de l'Univers s'écrit sous la forme :

$$M = -2\pi^2 R^3 \frac{D_\rho}{c^2} = 2\pi^2 R^3 \sqrt{\rho^2 + \frac{P_\rho^2}{\Omega_0^2 c^2}} \tag{5-59-a}$$

où le volume « élémentaire » Ω_0 a été calculé aux chapitres III et IV (3-49) :

$$\Omega_0 = \frac{\hbar\xi}{c}. \tag{5-59-b}$$

La définition (5-58) de G s'écrit maintenant :

$$G(\tau) = \frac{Rc^2}{4\pi^2 R^3 (\rho^2 + P_\rho^2/\Omega_0^2 c^2)^{\frac{1}{2}}} \tag{5-61}$$

où $\rho = \alpha/R^3$ et où P_ρ est donné par (5-23), tous deux en fonction du rayon spatial $R(\tau)$ de l'espace du Réel à l'instant τ.

En utilisant finalement les définitions (5-53) et et (5-54) de R_m et R_0, on calcule pour la variation de $G(\tau)$ en fonction du rayon spatial $R(\tau)$ de l'Univers dans son ensemble :

$$\boxed{G = -\frac{c^2 R_m}{4\pi^2 \alpha \left(\frac{9}{16} - \frac{1}{2}\frac{R_m^2}{R^2} + \frac{R_m^4}{R^4}\right)^{\frac{1}{2}}}} \tag{5-61-a}$$

où $\alpha = \rho R^3$ a ici la valeur *négative* définie en (5-13).

Pour $R \gg R_m$ on remarque que (5-61-*a*) tend vers la limite G_l qui est la valeur *rigoureuse* de G pour le rayon *maximum* $\mathcal{R}$ de l'expansion de l'Univers (pour $\tau = T/2$) :

$$G_l = -\frac{c^2 R_m}{3\pi^2 \alpha} \tag{5-62}$$

Nous reviendrons sur les valeurs numériques de variation de G quand nous procéderons à l'analyse numérique du modèle cosmologique (Système C, § XII et XIII ci-dessous).

XII. LE SYSTÈME *C*, OU SYSTÈME COSMOLOGIQUE

Ce Système C rassemble les équations dont la solution doit nous fournir la représentation de l'Univers dans son ensemble.

SYSTÈME *C*

(5-63)

$$
a\begin{cases}
\dfrac{R'^2}{c^2}=\dfrac{1}{6}\dfrac{\xi^2}{R^2}\left[\alpha^2\left(\dfrac{3}{R_0^2}-\dfrac{1}{R^2}\right)-\dfrac{2\beta^2}{R_0^4}\right]+K+\dfrac{1}{3}\Lambda R^2\\
P_\rho^2=\dfrac{\xi^2\hbar^2}{R^4}\left[\dfrac{3}{2}\alpha^2\left(\dfrac{1}{R_0^2}-\dfrac{1}{R^2}\right)-\beta^2\left(\dfrac{1}{R_0^4}-\dfrac{1}{R^4}\right)\right]\\
\dfrac{\alpha}{R^3}+\dfrac{\beta}{R^4}+\dfrac{D_{ON}}{c^2}=0\\
\dfrac{D_\rho}{c^2}+\dfrac{\beta}{R^4}+\dfrac{D_M}{c^2}=0\\
D_M=D_N+D_\nu
\end{cases}
$$

$$
b\begin{cases}
\tau=0: & R=R_i \quad R'=0\\
\tau=\tau_0: & R=R_0 \quad R'=c\\
\tau=T/2: & R=\mathcal{R} \quad R'=0\\
\forall\tau & \begin{cases} P_\rho^2\geqslant 0\\ D_N/D_{ON}\geqslant 1\\ c^2\geqslant R'^2\geqslant O.\end{cases}
\end{cases}
$$

Rappelons d'abord que, dans ce Système *C*, entre un paramètre :

(5-43) $$\xi=\frac{\Omega_0 c}{\hbar}=6{,}8\,.\,10^{-4}\ \text{cgs}$$

qui figurait déjà dans les Systèmes *E* et *H*, traitant respectivement de la représentation *microscopique* de l'Imaginaire et du Réel. La solution *unique* des Systèmes *E* et *H couplés* a conduit pour ξ à la valeur numérique rappelée par (5-43) ci-dessus.

L'examen du Système *C* fait apparaître les caractéristiques suivantes :

1) Le Système *C* possède *une solution et une seule.*

2) Pour calculer numériquement cette solution nous avons besoin de réclamer à l'observation *deux valeurs numériques, et deux valeurs numériques seulement.* Ces deux valeurs numériques permettront de calculer complètement la solution $R(\tau)$, pour chacune des valeurs de l'âge τ de l'Univers, et de déterminer numériquement tous les autres paramètres *constants* entrant dans le modèle, qui sont notamment :

(5-64) $$\alpha,\quad \beta,\quad \Lambda,\quad R_i,\quad R_m,\quad R_0,\quad \mathcal{R},\quad T.$$

3) Nous aurons besoin cependant, pour pratiquement exploiter le modèle cosmologique, de connaître *l'âge actuel τ_a de l'Univers.* C'est donc finalement *trois* valeurs numériques (et non deux) qu'il va nous falloir réclamer à l'observation, afin d'à la fois connaître la solution

cosmologique *unique,* et également à quel âge τ_a nous nous situons nous-même dans cette solution cosmologique.

4) Il est clair que, quitte à choisir dans l'observation trois valeurs qui vont nous permettre de calculer numériquement la solution cosmologique *unique,* nous allons choisir les trois valeurs que nos connaissances théoriques et expérimentales *actuelles* en matière cosmologique nous permettent de connaître avec la plus grande précision.

Nous nous sommes arrêtés finalement (1986) sur les trois valeurs observées suivantes :

a) La valeur actuelle H_a du *paramètre de Hubble,* qui nous permettra notamment avec la formulation (5-36) obtenue par la Relativité complexe de la loi de Hubble) de déterminer l'âge *actuel* de notre Univers. L'observation fournit pour la valeur actuelle de H_a :

(5-65) $$H_a = 1{,}8.10^{-18}\ s^{-1}$$

b) La valeur actuelle θ_a de la *température absolue* (ou Kelvin) du rayonnement électromagnétique « noir » emplissant l'espace du Réel dans son ensemble, que la Relativité complexe relie (5-16) à la solution cosmologique :

(5-66) $$\theta_a = 2{,}7\ °K$$

c) La valeur actuelle G_a de la *constante de la gravitation,* qui est reliée par la formulation (5-61-*a*) établie par la Relativité complexe au modèle cosmologique :

(5-67) $$G_a = 6{,}67.10^{-8}\ cgs$$

XIII. ANALYSE NUMÉRIQUE DE LA SOLUTION COSMOLOGIQUE UNIQUE

Nous fournissons ci-dessous les données numériques calculées par la solution unique du Système *C*, en adoptant les trois valeurs d'observation ci-dessus, et ces trois valeurs seulement :

(5-68) $$\begin{cases} \alpha = -1{,}30.10^{53}\ g \\ \beta = +3{,}712.10^{79}\ g \times cm \\ \Lambda = -1{,}522.10^{-60}\ cm^{-2} \\ R_i = 6{,}006.10^{24}\ cm \\ R_m = 2{,}855.10^{26}\ cm \\ R_0 = 3{,}297.10^{26}\ cm \\ \mathcal{R} = 1{,}4.10^{30}\ cm \\ T/2 = 2\,371 \text{ milliards d'années} \end{cases}$$

Solution cosmologique
(unités cgs)

Age de l'Univers	Symbole	$\tau = 0$ initial	$\tau = \tau_b$ « bang »	$\tau = \tau_a$ actuel	$\tau = T/2$ demi-période
Rayon	R	$6{,}0 . 10^{24}$	$2{,}9 . 10^{26}$	$1{,}6 . 10^{28}$	$1{,}4 . 10^{30}$
Vitesse d'expansion	R'/C	0	0,999	0,999	0
Coefficient de décélération	$q = RR''/R'^2$	$-\infty$	0	$1{,}3 . 10^{-4}$	$+\infty$
« Constante » de la gravitation	G	$2{,}2 . 10^{-11}$	$4{,}9 . 10^{-8}$	$6{,}667 . 10^{-8}$	$6{,}666 . 10^{-8}$
Densité propre de la matière	D_{ON}/c^2	$-2{,}8 . 10^{-20}$	0	$+2{,}9 . 10^{-32}$	$+4{,}7 . 10^{-38}$
Densité relativiste de la matière	D_N/c^2	$-2{,}8 . 10^{-20}$	$\to \infty$	$+1{,}27 . 10^{-30}$	$+1{,}7 . 10^{-34}$
Densité des neutrinos	D_ν/c^2	$+2{,}79 . 10^{-22}$	$+1{,}8 . 10^{-28}/0$	0	0
Densité de l'espace « vide »	ρ	$-5{,}9 . 10^{-22}$	$-5{,}3 . 10^{-27}$	$-2{,}9 . 10^{-32}$	$-4{,}7 . 10^{-38}$
Rapport relativiste pour les particules de matière	$r = D_N/D_{ON}$	1	$\to \infty$	44,0	3 688,6
Température Kelvin de l'espace	θ	7 615	158	2,77	0,03
Paramètre de Hubble	H	0	$1 . 10^{-16}$	$1{,}8 . 10^{-18}$	0
Densité d'impulsion dans l'espace	$P/\xi\hbar$	$2{,}85 . 10^{-20}$	$1 . 10^{-27}$	$1{,}26 . 10^{-30}$	$1{,}7 . 10^{-34}$
Masse de l'Univers	M	$1{,}2 . 10^{56}$	$2{,}6 . 10^{55}$	$1{,}1 . 10^{56}$	$9{,}5 . 10^{57}$
Age (en milliards d'années)	τ	0	0,303	17,55	2 371

SYSTÈME C

Le modèle cosmologique

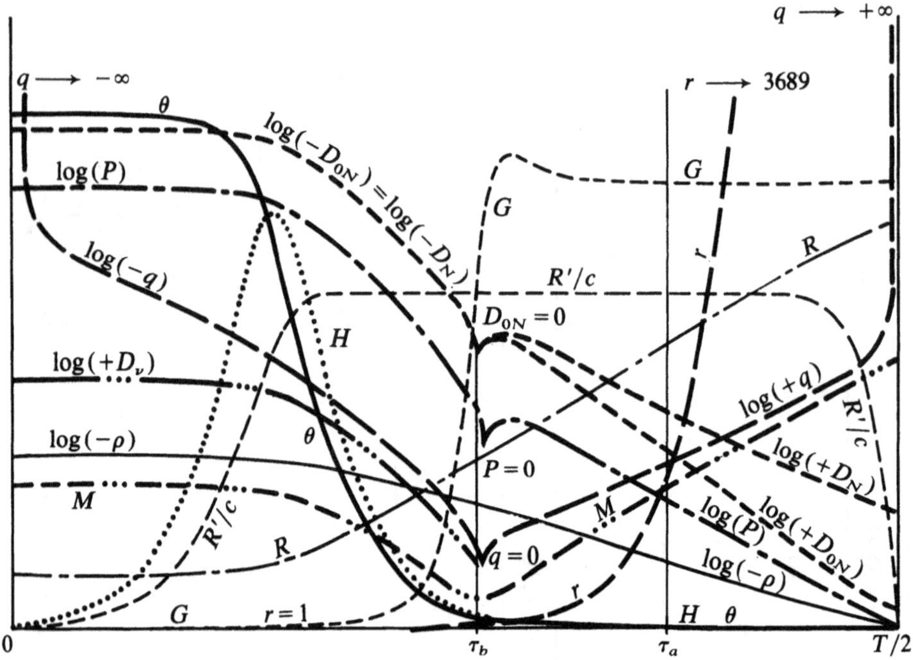

graphe 5

XIV. LES PRINCIPAUX ASPECTS ORIGINAUX DU MODÈLE COSMOLOGIQUE

1. Pas de singularité à l'origine et une expansion qui doit durer 2 371 milliards d'années; et, aussi, un Univers *cyclique*.

Nous avons déjà de nombreuses fois insisté sur le fait que notre modèle cosmologique, à l'inverse des modèles déduits de la Relativité générale, n'était pas « frappé » d'une *singularité* à rayon nul (et température et densité infinies) à l'origine des âges $\tau = 0$. Le rayon initial ($R_i = 6\ 10^{24}$ cm à $\tau = 0$) est environ 3,7/10 000 du rayon spatial actuel ($R_a = 1{,}6 . 10^{28}$ cm).

La vitesse d'expansion R' est nulle à $\tau = 0$, mais augmente ensuite rapidement : elle est 3/10 de la vitesse de la lumière après le premier million d'années, 9/10 après 5,5 millions d'années, 99/100 après 13 millions d'années.

Durant cette période originelle (que nous avons nommée « période du bang ») l'espace est rempli d'antinucléons (antiprotons et antineutrons, densité initiale $-2{,}8 . 10^{-20}$ g/cm^3) et de neutrinos (densité initiale $+2{,}79 . 10^{-22}$ g/cm^3). La température initiale du rayonnement noir est de 7615 °K, mais diminue comme on l'a vu de manière adiabatique (5-15) quand le rayon augmente; elle n'est plus que de 150 °K vers 300 millions d'années, pour être aujourd'hui mesurée comme 2,7 °K.

L'expansion de l'espace va se poursuivre pendant *2371 milliards d'années,* que l'on peut comparer avec l'âge τ_a *actuel* de l'Univers (17,55 milliards d'années, tel qu'il est fourni par notre modèle cosmologique). Le rayon maximum $\mathscr{R}$, qui est atteint à la demi-période $T/2$, vaut 234000 fois le rayon initial (minimum) R_i, ou encore 88 fois le rayon actuel. Ces résultats sont à comparer avec ceux que proposaient la Relativité *générale* et ses modèles cosmologiques, où on plaçait presque invariablement l'époque actuelle environ « au milieu » de la durée d'expansion maximum. La Relativité *complexe* nous apprend que nous ne sommes, en fait, qu'à « un tout petit début » de l'expansion de notre Univers, n'en déplaise à nos tendances anthropocentristes...

Notre modèle cosmologique ne dit rien pour justifier l'idée que la contraction maximum passée de notre Univers, à l'âge que nous avons conventionnellement nous-même « affiché » comme $\tau = 0$, serait bien *dans la réalité physique la première* « pulsation » de l'espace de notre Univers. Notre modèle cosmologique suggère, bien au contraire, qu'il s'agit d'un modèle *cyclique,* comportant a priori *un nombre infini de cycles,* entre $\tau = -\infty$ et $\tau = +\infty$. Cependant, notre modèle suggère aussi que la *partie Imaginaire* de l'Univers total (Univers = Réel union Imaginaire), ne disparaîtrait nullement entre les cycles, au moment de la contraction maximum. En effet, contrairement encore aux modèles de la Relativité générale, cet instant de contraction maximum n'est pas ici une « singularité », et il y a donc tout lieu de supposer que les micro-univers de l'Imaginaire, qui évoluent *indépendamment* de l'évolution de l'espace-temps macroscopique du Réel, ne disparaissent pas à l'« inter-cycle », c'est-à-dire entre deux cycles successifs. Si par ailleurs, comme le suggère fortement la Relativité complexe (comme nous l'avons vu dans le chapitre I), la partie *éonique* de notre Univers est une véritable *mémoire ordonnatrice et cumulative* des événements passés, une mémoire fonctionnant à l'échelle de l'Univers *entier,* alors devons nous conclure qu'un nouveau cycle d'expansion n'est pas, au moins dans sa part Imaginaire, la simple *reproduction* des cycles passés, mais que « quelque chose » se cumule et s'ordonne d'un cycle au suivant.

Cet important aspect de la « mémorisation » de l'Univers ne sera pas cependant, comme nous en sommes déjà prévenus, étudié dans la présente recherche (limitée à l'unification des interactions *physiques.*

2. L'espace « vide » est fait d'une certaine forme d'« antimatière » ($\rho < 0$).

La question a été posée de nombreuses fois : pourquoi l'Univers est-il apparemment fait essentiellement de particules de matière, alors que les particules d'anti-matière ont la même stabilité (la même durée de vie), et sont donc théoriquement aussi « probables »?

Le critère fondamental que fournit la Relativité complexe pour répondre à cette question repose sur la notion d'énergie positive *et* énergie négative; et également sur l'idée que l'Univers ne peut être sorti du « néant », ce qui rend nécessaire cette autre idée que l'Univers doit donc nécessairement contenir une énergie *totale algébriquement nulle à chaque instant* (5-8).

Compte tenu de ces critères, on est conduit, comme nous l'avons vu (5-68), à une densité ρ de l'espace « vide » qui est *négative* (α négatif). Pourquoi y a-t-il plus de particules de matière que d'anti-matière emplissant l'Univers? Parce que, sous une « forme » *non particulaire* (l'espace « vide »), l'espace contient *aussi* de l'énergie *négative*. De telle sorte que, si nous cherchons l'anti-matière « manquante » dans l'Univers, il nous suffit seulement pour l'apercevoir d'ouvrir les yeux et de regarder tout autour de nous, vers cet « espace » qui est le contenant de toutes choses.

Cette densité $\rho = \alpha/R^3$ de l'espace « vide » est actuellement, comme nous le montre le modèle cosmologique, de $-2{,}9.10^{-32}$ g/cm^3.

Ne perdons pas non plus de vue que la Relativité complexe nous indique que, pendant les premiers 300 millions d'années, l'espace cosmologique était rempli de *particules d'anti-matière* (anti-nucléons), qui ont progressivement disparues et ont été remplacées par une création continue de *matière* (nucléons). S'il est donc vrai que, aujourd'hui, les particules d'anti-matière sont « rares », c'était par contre les particules de matière qui étaient rares au commencement du monde, et pendant 300 millions d'années.

3. La variation de G avec l'âge de l'Univers.

Le graphe 5 montre, située parmi les autres éléments de la solution cosmologique, la variation calculée (5-61-*a*) de G, tout au long de son évolution entre $\tau = 0$ et $\tau = T/2$.

Comme on le voit, G possède au départ, à $\tau = 0$, la valeur de $2{,}2.10^{-11}$ cgs, qui est environ 1/3000 de sa valeur actuelle ($6{,}67.10^{-8}$ cgs); puis G augmente progressivement jusqu'à son maximum de $7{,}07.10^{-8}$ cgs (à peine 6 % de plus que sa valeur actuelle), qui est atteint pour 607 millions d'années. G décroît ensuite très lentement pour tendre, au moment de l'expansion maximum de l'Univers (2371 milliards d'années), vers sa valeur limite G_l (5-67) de $6{,}66.10^{-8}$ cgs. On calcule pour la valeur de G actuelle une variation relative $\Delta G/G$ qui est aujourd'hui de 5.10^{-16} *par an.*

Il est probable que la faible valeur de G pendant les premières centaines de millions d'années de notre Univers a interdit la formation d'étoiles et de galaxies pendant cette période; d'autant, comme on s'en souvient, que la « période du bang » (les premiers 303 millions d'années) voit les particules de matière « au repos » ($D_N/D_{0N}=1$, l'impulsion P_ρ dans l'espace ne concerne que les neutrinos), ce qui ne permet pas la formation d'éléments *lourds*. Ces éléments lourds n'apparaissent (§ 4 qui suit) qu'avec le « bang » (303 millions d'années), quand les nucléons « naissants » possèdent une énergie cinétique de plusieurs milliers de Gev.

Quoiqu'il en soit, la valeur précise de G au « début du monde », que permet maintenant de connaître le modèle cosmologique de la Relativité complexe, devrait pouvoir étayer des études détaillées sur l'état et l'évolution de l'espace du Réel avant et pendant la constitution des premières étoiles.

4. L'accélération des particules de matière au moyen de l'impulsion P_ρ contenue dans l'espace « vide ».

Les graphes 4 et 5 donnent le rapport (5-49) :

(5-68) $$r=\frac{D_N}{D_{0N}}=\frac{\dfrac{D_\rho}{c^2}+\dfrac{\beta}{R^4}+\dfrac{D_\nu}{c^2}}{\dfrac{\alpha}{R^3}+\dfrac{\beta}{R^4}}$$

de la densité relativiste D_N (potentielle + cinétique) des particules de matière présentes dans l'espace à leur énergie propre D_{0N}. Ce rapport vaut 1 (soit $D_N=D_{0N}$, pas d'énergie cinétique) jusqu'au « bang » (303 millions d'années), devient brusquement infini à l'instant du « bang » (production de nucléons, encore peu nombreux, mais d'énergie « quasi infinie »), puis décroît pour valoir 1 à nouveau vers 345 millions d'années, quand l'impulsion P_ρ de l'espace vaut 0 (point τ_p sur le graphe 4); à partir de là le rapport r va augmenter continûment, il vaut aujourd'hui 44, il atteindra son maximum 3 689 à la demi-période $T/2$.

Un point à souligner est cette *énorme énergie cinétique* que prennent les nucléons (encore peu nombreux) présents à ce moment (« bang », 303 millions d'années) dans l'espace. Ces nucléons se partagent l'impulsion P_ρ totale que possèdent à cet instant les neutrinos, qui vont ensuite, et *brusquement,* tous disparaître pour céder leur énergie *totale* aux nucléons naissants. Le modèle cosmologique nous indique que, à l'instant où ils vont disparaître, la densité des neutrinos est encore :

(5-69) $\tau=\tau_b=303$ millions d'années $\quad \dfrac{D_\nu}{c^2}=1{,}8.10^{-28}\ \text{g/cm}^3$

D'autre part, le *nombre* $N(\tau)$ des nucléons (par unité de volume) qui vont être concernés par ce transfert d'énergie des neutrinos qui disparaissent s'écrit :

$$N(\tau) \# \frac{D_{0N}}{\mu c^2} \tag{5-70}$$

avec D_{0N} qui est cependant encore *nul* à l'instant précis du « bang ». μ désigne dans (5-70) la masse propre du nucléon. Le graphe 4, répétons-le, fournit le détail de cette période de « grande transformation » de l'Univers, autour du « bang » (200 à 400 millions d'années).

Comme nous l'avons expliqué ci-dessus, les « restes » de ces particules ultra-énergiques formées dans la période du « bang » sont encore observables aujourd'hui, ce sont les primaires les plus énergiques du *rayonnement cosmique.* Nous pensons également que ces particules très énergiques ont contribué à la formation des éléments *lourds* de l'Univers (sans vouloir exclure complètement pour autant le rôle joué dans ces réactions nucléaires par les super-nova et d'autres objets cosmiques qui sont, ultérieurement, devenus le siège de très hautes températures locales de l'espace). Rappelons que les éléments « lourds », c'est-à-dire de masses atomiques plus grandes que celles de l'hydrogène ou de l'hélium, ne représentent encore aujourd'hui que 1 % environ de la masse totale des particules présentes dans l'Univers.

5. La création (et annihilation) continue de matière.

L'énergie totale de l'Univers est, en Relativité complexe, identiquement nulle (5-8). Ce principe a pour conséquence directe la variation avec l'âge τ de l'Univers de ce que nous avons nommé la *masse de l'Univers* (5-59), composée des particules de matière et du rayonnement noir à température θ :

$$M = 2\pi^2 R^3 \left(\frac{D_M}{c^2} + \frac{\beta}{R^4}\right) \tag{5-71}$$

Pourquoi ne comptons-nous pas dans cette masse M celle correspondant à l'espace dit « vide », associé à la densité cosmologique ρ de l'espace? Parce que, précisément, la notion de « masse de l'Univers » veut traditionnellement se limiter à ce qui est « pondérable », et non pas au « contenant » de ce qui est pondérable, c'est-à-dire l'espace « vide » (qui, pour la Physique pré-complexe, est par définition vraiment « vide », c'est-à-dire « sans masse »). La Relativité complexe a évité cette ambiguïté (cette erreur!) en écrivant des équations fondamentales de son formalisme qui tiennent compte de *tous* les éléments constituant l'Univers, *y compris l'espace prétendu « vide »,* dont nous n'avons gardé que le nom (et non sa signification pré-complexe).

On voit sur (5-71) que la masse M de notre Univers varie avec l'âge τ de l'Univers. Voici les résultats numériques calculés par le modèle cosmologique :

$$\text{(5-72)} \qquad \begin{cases} \tau = 0 & M = 1{,}22 \,.\, 10^{56} \text{ g} \\ \tau = \tau_0 & M = M_{\min} = 2 \,.\, 10^{54} \text{ g} \\ \tau = \tau_{\text{actuel}} & M = 1{,}14 \,.\, 10^{56} \text{ g} \\ \tau = T/2 & M = 9{,}5 \,.\, 10^{57} \text{ g} \end{cases}$$

On voit que M passe par un *minimum* à $\tau = \tau_0$ (345 millions d'années), c'est-à-dire aussi (5-19) quand l'impulsion P_ρ de l'espace vide est *nulle,* et que la vitesse d'expansion R' est égale à la *vitesse c* de la lumière. La masse actuelle de l'Univers ($1{,}14 \,.\, 10^{56}$ g) est de l'ordre de la masse initiale à $\tau = 0$, mais sera sensiblement multipliée par un facteur 100 d'ici le moment d'expansion maximum (2 371 milliards d'années).

La masse *actuelle* de l'Univers est principalement de nature *relativiste;* en effet :

• La masse propre (ou potentielle) due aux particules (nucléons) est de l'ordre du 1/50 seulement de la masse totale.

• La masse correspondant à la température θ (2,7 °K) est dès aujourd'hui environ 10 000 fois *plus faible* que celle de la matière *relativiste,* et le rapport entre les deux va varier approximativement comme $1/R$ jusqu'à l'expansion maximum.

On peut, avec (5-71) et le Système C, calculer numériquement le taux de *création* $dM/d\tau$ de matière dans notre Univers. On trouve aujourd'hui (17,44 milliards d'années) :

$$\text{(5-73)} \qquad \tau = \tau_a \qquad \frac{dM}{d\tau} = 2 \,.\, 10^{38} \text{ g/s}$$

soit *l'équivalent de cent mille soleils par seconde* (une masse solaire = $2 \,.\, 10^{33}$ g).

Ce taux de création est nul à l'instant initial ($\tau = 0$), et aussi naturellement au moment du minimum de M, à $\tau = 345$ millions d'années.

Pendant la période de *contraction* de l'Univers, après la demi-période $T/2$, la création de matière est remplacée par *l'annihilation* de matière (Univers cyclique).

Il conviendra (mais nous réservons cette étude pour un travail ultérieur) d'examiner en détail ce processus de création de matière, à partir de l'énergie cosmique devant demeurer *identiquement nulle.*

6. La loi de Hubble.

Nous mentionnons brièvement une nouvelle fois la loi de Hubble telle qu'elle est formulée par la Relativité complexe :

$$\text{(5-74)} \qquad \frac{v}{c} = \frac{lR'}{\sqrt{c^2R^2 + l^2R'^2}}$$

car nous considérons qu'elle constitue un résultat essentiel pour la représentation d'un univers *dans son ensemble,* nous en avons eu des exemples à la fois pour le modèle éonique Imaginaire et, ci-dessus, pour le modèle cosmologique.

Il est très satisfaisant, notamment, de constater sur (5-74) que :

• cette loi *ne conduit pas à des vitesses infinies* de récession pour des coordonnées infinies (« plus grande » distance alors égale à πR),

• cette loi demeure encore applicable pour une vitesse d'expansion $R' = c$, pour laquelle la vitesse de récession v demeure *finie.*

7. Nous voyons autour de nous un espace cosmologique qui a le même âge que nous.

C'est là sans doute l'une des conclusions principales de la Relativité complexe.

Depuis des millénaires, probablement depuis qu'existe l'humain pensant, nous avions la conviction de vivre parmi ce que *nos sens* nous laissaient découvrir autour de nous. Nous vivions « chez nous », dans nos meubles, dirais-je.

Et voici que tout à coup arrive, au début de ce siècle, Albert Einstein. Albert Einstein (pourtant mon maître vénéré), et sa Physique de la Relativité. Il nous apprend que, contrairement à cette opinion qu'on croyait bien acquise, quand nous regardons tout autour de nous, nous ne faisons qu'apercevoir des points de l'espace *déjà* dans notre passé, et d'ailleurs d'autant plus dans notre passé que nous voulons regarder plus loin. Avec les conséquences principales suivantes :

• Nous ne savons rien de l'état du monde « aujourd'hui », le présent est encore dissimulé dans notre futur, on saura demain si « les meubles » de notre maison sont vraiment encore où nous avions cru les voir.

• En revanche, et si nous nous posons des questions quelque peu métaphysiques du genre « d'où est donc sorti notre Univers », alors que nous pensions que c'était un problème à peu près « sans espoir » (de pouvoir répondre un jour, s'entend), le grand Einstein nous dit que, le jour où notre technique sera suffisante, nous pourrons enfin savoir « d'où nous venons », car en regardant suffisamment loin dans l'espace nous pourrons assister, de chez nous, en direct, à la « naissance » de notre Univers.

Un peu « bizarre » tout cela!

Bizarre d'abord parce que, aussi loin que regardent aujourd'hui nos radiotélescopes (et ils sont dès maintenant capables d'avoir des informations sur le monde ayant moins de 5 % de son âge actuel), on ne voit apparemment *aucun changement notable* dans l'état « moyen » des objets cosmiques que l'on découvre... alors qu'on devrait certainement s'attendre à des changements considérables en approchant du « commencement ».

Bizarre encore parce que les physiciens de la Mécanique quantique, qui sont venus à peu près à la même époque qu'Einstein remettre de l'ordre dans nos conceptions « anachroniques » concernant notre demeure, nous expliquent que ce qui se passe ici dépend de ce qui se passe là *au même instant du temps,* même si ce « là » est à des centaines de kilomètres de distance du « ici ». Y a-t-il donc des relations « instantanées » entre le présent et le passé? « Non, pas possible, répond Einstein (quoiqu'un peu nerveusement) sur le téléphone EPR, il n'y a pas de communications *instantanées* dans l'Univers, toute transmission est soumise à la vitesse limite de la lumière. » « Mais si, répondent d'autres physiciens depuis Copenhague, les instruments de mesure, aussi éloignés soient-ils, sont *inséparables* des objets que vous soumettez à la mesure, et ce qui se passe dans cette mesure-ci a donc une influence sur le résultat de la mesure là. En bref, insiste Copenhague, il y a en quelque façon "inséparabilité" entre les points de l'espace. »

De plus en plus bizarre! Si les points de l'espace sont inséparables *dans le même instant du temps,* pourquoi ne verrait-on seulement, avec Einstein, que dans *le passé* de l'espace?

« Mais pour finir, s'écrie Monsieur Tout-le-Monde avec son gros bon sens, messieurs les physiciens, pouvez-vous (sauf votre respect) me dire où j'habite, dans le passé, dans le futur... ou simplement, comme je l'ai longtemps cru, dans le présent... »

La Relativité complexe a pensé que « Monsieur Tout-le-Monde » posait après tout des questions qui, pour le moins, méritaient qu'on y réfléchisse sérieusement. Elle est arrivée, comme nous avons tenté de l'expliquer, à la conclusion que les photons, qui supportent notre connaissance du monde, ne « vieillissent » pas quand ils traversent des distances spatiales... et en dépit du fait qu'il est correct de reconnaître à ces photons, avec Einstein, une vitesse *finie* (celle de la lumière). La vision que nous avons de notre monde extérieur est donc celle d'un espace *contemporain* avec nous-même, c'est-à-dire dont tous les points, aussi éloignés soient-ils, ont *le même âge* τ *que nous,* un âge que nous nommons donc *l'âge universel* τ. Cela prend certes *du temps* t pour qu'un photon nous parvienne depuis une galaxie lointaine, mais cela *ne prend pas d'âge* à ce photon, tout photon est contemporain avec son observateur. La représentation Forme-âge (η, $c\tau$) de la Relativité complexe a démontré cette proposition, en mettant en évidence la différence fondamentale, à l'échelle de l'Univers dans son ensemble, entre le temps t et l'âge τ, alors que la Relativité « pré-complexe » avait pris pour acquis que l'âge n'était qu'un temps « particulier ». En fait, dire que cela « prend du temps » pour qu'un photon éloigné nous rejoigne est équivalent à dire que « cela prend de la distance » pour qu'un photon éloigné nous atteigne. Le temps t est une mesure directe de la distance; au contraire, l'âge est un invariant, l'âge universel est LE MÊME pour toutes les choses « existantes » dans cet Univers, dans notre « demeure » à tous. Chez nous, c'est bien « chez nous »!

Merci, Albert Einstein, mon maître toujours plus vénéré. Car, comme le remarquait déjà Isaac Newton (un autre grand maître) : « Si j'ai pu voir un peu plus loin, c'est que je suis monté sur les épaules de géants. »

Montréal, Villebon et Ceton,
Décembre 1986.

RÉFÉRENCES

⟨1⟩ Jean E. CHARON, *L'Esprit et la Relativité complexe,* Albin Michel, Paris, 1983.

⟨2⟩ V. AMBARTSOUMIAN et G. SAHAKIAN, *Problèmes de cosmogonie contemporaine,* Éd. Mir, Moscou, 1971.

⟨3⟩ John Archibald WHEELER, C.W. MISNER, K.S. THORNE, *Gravitation,* Freeman, San Francisco, 1973.

⟨4⟩ Louis DE BROGLIE, *Théorie générale des particules à spin (méthode de fusion),* Gauthier-Villars, Paris, 1954.

⟨5⟩ Emmy NOETHER, *Invariant Variations Problems,* Nach. Ges. Gottingen (math-phys. K1), 235, 1918.

⟨6⟩ Erwin SCHRÖDINGER et L. BASS, *Must the Photon Mass Be Zero?,* Proc. Roy. Soc., Londres, A-232-1, 1955.

⟨7⟩ Marie-Antoinette TONNELAT, « Une nouvelle forme de théorie unitaire : étude de la particule de spin 2 », *Annales de Physique,* 11, 1942.

⟨8⟩ Shimon YIFTAH, *Constantes fondamentales des théories physiques,* Gauthier-Villars, 1956.

⟨9⟩ Maurice SURDIN, *Stochastic Electrodynamics, an Overview,* Alwyn Van der Merwe Ed., Plenum Press, New York, 1982.

⟨10⟩ Yves ROCARD, *Thermodynamique,* Masson, Paris, 1952.

⟨11⟩ Jean E. CHARON, *15 leçons sur la Relativité générale,* Éd. Kister, Genève, 1963.

⟨12⟩ Henryk SKOLIMOWSKI, *The Theatre of the Mind,* The Theosophical Publishing House, Wheaton, Illinois, 1984.

⟨13⟩ Bernard D'ESPAGNAT, *A la recherche du Réel,* Gauthier-Villars, Paris, 1979.

⟨14⟩ Jean E. CHARON, *Les Lumières de l'invisible,* Albin Michel, Paris, 1985.

⟨15⟩ Jean E. CHARON, *L'Être et le Verbe,* Éd. du Rocher, Paris, 1983.

Imprimé en France par Lightning Source
1 avenue Gutenberg
78310 Maurepas

www.ingramcontent.com/pod-product-compliance
Lightning Source LLC
Chambersburg PA
CBHW071341230926
51846CB00002B/413